科技探索·第一视野

KEJI
TANSUO
DIYI
SHIYE

DONGWU ZHONG DE AOMI

王建 编著

动物中的奥秘

最新鲜的百科知识
最酷炫的探秘信息
前所未有的想象力激发方式

ZUI XINXIAN DE BAIKE ZHISHI
ZUI KUXUAN DE TANMI XINXI
QIANSUOWEIYOU DE XIANGXIANGLI JIFA FANGSHI

中国出版集团
现代出版社

图书在版编目（CIP）数据

动物中的奥秘 / 王建编著 . — 北京：现代出版社，2012. 12（2024.1）

ISBN 978 – 7 – 5143 – 0758 – 0

Ⅰ . ①动… Ⅱ . ①王… Ⅲ . ①①动物 – 青年读物②动物 – 少年读物 Ⅳ . ① Q95 – 49

中国版本图书馆 CIP 数据核字（2012）第 285542 号

动物中的奥秘

编　　著	王　建
责任编辑	陈世忠
出版发行	现代出版社
地　　址	北京市安定门外安华里 504 号
邮政编码	100011
电　　话	010 – 64267325　010 – 64245264（兼传真）
网　　址	www. 1980xd. com
电子信箱	xiandai@ vip. sina. com
印　　刷	三河市人民印务有限公司
开　　本	710mm × 1000mm　1/16
印　　张	14. 5
版　　次	2012 年 12 月第 1 版　2024 年 1 月第 9 次印刷
书　　号	ISBN 978 – 7 – 5143 – 0758 – 0
定　　价	59. 80 元

前言 PREFACE

动物中的奥秘

动物是多细胞真核生命体中的一大类群，一般不能将无机物合成有机物，只能以有机物（植物、动物或微生物）为食料，具有与植物不同的形态结构和生理功能。

动物的历史，是一个从单细胞到多细胞，从无脊椎到有脊椎，从低等到高等，从简单到复杂的过程。最早的单细胞的原生动物进化为多细胞的无脊椎动物，逐渐出现了海绵动物门、腔肠动物门、扁形动物门、纽形动物门、线形动物门、环节动物门、软体动物门、节肢动物门、棘皮动物门，之后进化成脊椎动物。这一类动物一般体形左右对称，全身分为头、躯干、尾三个部分，有比较完善的感觉器官、运动器官和高度分化的神经系统，包括鱼类、两栖动物、爬行动物、鸟类和哺乳动物五大类。

作为进化史上最高级的动物，人类虽然有许多复杂的机能，但大自然母亲也赋予其他动物许多神奇的特性：大象的鼻子非常灵敏，甚至能捡起一根缝衣针；啄木鸟的头部能每秒啄 20 下，这如果换作人可谓一个疯狂的动作，但啄木鸟却安然无恙，原因就在于其喙的后面有一处柔软的区域，具有避震器的功效；蟑螂更是神奇的动物，它的脑位于身体内，如果因意外失去了头，仍能存活长达 9 天，它的最终死因并非不能思考，而是因为不能进食。

够神奇吧！动物的这些奥秘是不是令你眼界大开！

此外，世界上的许多军事发明，都是科学家在探索动物奥秘中得到启迪而发明的。例如，乌贼体内有囊状物能分泌黑色液体，遇到危险时便释放出这种黑色液体，诱骗攻击者上当。潜艇设计者们仿效设计成鱼雷诱饵；生物学家对蜘蛛丝的研究发现，其强度相当于同等直径的钢丝的5倍。受此启示，英国剑桥大学一家技术公司试制成犹如蜘蛛丝一样的高强度纤维。

当然，我们也必须意识到，地球是包括人类在内的各种生命体赖以生存的家园，而在各种生命体之中，与我们人类关系最为密切的当属动物群体了。动物和人类一样应该是平等的关系，但由于人类功利性的需求已造成不少野生动物数量的急剧减少，造成局部平衡的破坏，所以爱护动物，保护它们的生存环境，也是我们的重要责任。

漫步千奇百怪的动物王国，体验动物世界的惊险与可爱。本书以全新的视角、生动的文字、精美的图片为读者剖析动物们匪夷所思的生活习性与鲜为人知的自身奥秘。本书图文并重，构思编排相得益彰，内容更为引人入胜，为读者呈现一个多彩多姿的动物世界。并且力争在为读者介绍动物知识的前提下，帮助大家树立起保护动物的意识，让这些可爱的生灵不再由于人类的残忍而失去生命。

目录 动物中的奥秘

CONTENTS

DONGWUZHONGDEAOMI

陆地哺乳动物的奥秘

爬行动物的奥秘

陆地哺乳动物的奥秘

哺乳动物属于脊椎动物，其特征是具有乳腺，尤其是雌性哺乳动物的乳腺更是高度发达。

最早的哺乳动物化石是在中国发现的吴氏巨颅兽，它生活在2亿年前的侏罗纪。从化石上看，哺乳动物与爬行动物非常重要的区别在于牙齿。爬行动物的每颗牙齿都是同样的，而哺乳动物的牙齿按它们在颌上的不同位置分化成不同的形态。直到第三纪时期，所有的哺乳动物还都很小。但在恐龙灭绝后，哺乳动物逐渐占据了许多生态位，到第四纪时期，哺乳动物开始成为陆地上占支配地位的动物。

小熊猫为什么是“六趾”

小熊猫的爪骨有一部分凸起成趾状，可作为第六个脚趾辅助抓握东西。法国和西班牙科学家研究发现，这个第六趾在进化史上曾帮助小熊猫的祖先“安身立命”。

小熊猫这一物种已生存了 900 多万年，它的祖先被称为古小熊猫。对于小熊猫的第六趾，曾有人认为用处相对不大。法国国家科研中心人类考古及地理生物学实验室专家与西班牙同行合作研究古小熊猫的化石后认为，古小熊猫是食肉动物，这与现在小熊猫主要吃植物的食性不同，因此古小熊猫第六趾的功能，不会像现在一样仅用来辅助脚爪抓住竹子等食物。

小熊猫

科学家认为，古小熊猫的第六趾是用来攀爬树木的有效工具。首先化石表明古小熊猫的身体结构特别适合爬树；其次古小熊猫生存在众多猛兽出没的年代，因此那个帮助爬树的第六趾对于古小熊猫来说就显得非常重要。不久前在西班牙新出土的许多古小熊猫化石，支持了法国和西班牙科学家的看法。

几百万年后，自然环境和小熊猫的生活方式都发生了改变，第六趾的功能已不再重要，它的用途只是帮助脚爪抓握食物。

基本小知识

化　石

化石是存留在岩石中的古生物遗体或遗迹，最常见的是骸骨和贝壳等。研究化石可以了解生物的演化并能帮助确定地层的年代。中国古籍中早已有关于化石的记载，如春秋时期的计然和三国时期的吴晋，都曾提到山西省产“龙骨”，“龙骨”即古代脊椎动物的骨骼和牙齿的化石。

大熊猫为什么由吃肉改吃“素”

大熊猫

从解剖学上讲，大熊猫的牙是肉食动物的牙，尖而长，适合刺杀撕咬。它的肠胃也是肉食动物的肠胃，肠道短，1 个胃。标准草食动物的牙几乎都为粗而短的磨牙，适合磨碎食物。草食动物肠道也很长，并且有些甚至有多个胃。这是因为植物纤维被消化需要的时间比较长，所以草食动物消化系统也就进化得很长，以扩大食物在体内存留的时间，好让它被完全消化。大熊猫那套消化系统其实更适合消化肉类。

从大熊猫的生理结构上看，它并不像其他同重量的草食动物那样有纤细的体型，修长的四肢，善于长时间奔跑。也不像大象那样拥有巨大的吨位来使自己没有天敌。大熊猫体型浑圆，腿短，肉多，而且不善于长时间奔跑。任何掠食动物都能吃它。因此它如果是草食动物，早就不可能存在了。唯一的解释就是，它和熊一样，本身就是掠食动物，拥有强大的爆发力和攻击性，是天生杀手，因此才能存活。

你知道吗

什么是植物纤维

植物纤维是广泛分布在种子植物中的一种厚壁组织。它的细胞细长，两端尖锐，具有较厚的次生壁，壁上常有单纹孔，成熟时一般没有活的原生质体。植物纤维在植物体中主要起机械支持作用。

但是，现在我们看见的这个无论从解剖学上，还是生理结构上都是肉食动物的大熊猫却以植物为主要食物。科学家猜测，这是因为熊猫在进化历程中经历过一段环境恶化的时期，那时期很多动物灭绝了，熊猫没有足够的动物可以捕杀，于是改为吃植物，一直持续到现在。

但是它身体并不能很好地消化植物，所以它要吃很多，不停地吃，才能勉强维持能量。而且几乎没有多余的能量来繁殖后代。这也是为什么它们数量持续减少，快要灭绝的原因。

美猴王的“母爱”

金丝猴非常漂亮，特别是川金丝猴，头顶的正中有一片向后越来越长的黑褐色毛冠，两耳长在乳黄色的毛丛里，一圈橘黄色的针毛衬托着棕红色的面颊，胸腹部为淡黄色或白色，臀部的胼胝为灰蓝色，雄兽的阴囊为鲜艳的蓝色，金丝猴的尾巴和身子差不多长，瘦长的身体上长着柔软的金色长毛最长可达30多厘米，披散下来就像一件金黄色的披风，十分漂亮。如此耀眼夺目的外衣使它得到了“金丝猴”的美名。

金丝猴

基本小知识

针　毛

针毛指毛皮的毛被中较粗且较长的毛，起防湿和保护绒毛的作用。定向毛也属针毛，而较针毛稀少、长而有弹性。针毛的毛尖多为矛头形或椭圆形，毛干呈圆柱、圆锥或纺锤形。针毛细密柔顺、光泽美观，是鉴别毛皮品质优劣的重要指标之一。

母爱在灵长类中显得非常突出。母金丝猴无微不至地关心和疼爱自己的孩子，尤其在哺乳期，母猴总是把小猴紧紧地抱在胸前，或是抓住小猴的尾巴，丝毫不给它玩耍的自由。在这期间，朝夕相处的“丈夫”尽管向“妻子”献尽了殷勤：又是为它理毛、又是为它检痂皮，但是却休想摸一摸自己的宝宝，更别提抱抱小猴亲热一番了。

母金丝猴总是抱着小猴，把背朝着自己的“丈夫”，丝毫不给“丈夫”抚爱子女的机会。

金丝猴妈妈对儿女们的关怀爱护，可以说是罕见的“母爱”。当它们被猎人包围以后，一听到枪响，猴妈妈赶紧将孩子抱在怀里喂奶，唯恐自己死后小猴吃不到奶。有的猴妈妈会做出各种姿势，向包围上来的猎人表达自己的急切心情，或者是不断地向猎人摆手，让他们不要打它的孩子或者是把孩子放到一边，手指着自己的胸膛，表示愿意替孩子去死，金丝猴妈妈常常会为救自己的孩子而舍去自己的性命。

拓展阅读

我国金丝猴保护区

中国已经建立西安周至金丝猴保护区、白河川金丝猴保护区、沿渡河金丝猴保护区、红拉山滇金丝猴保护区、芒康滇金丝猴国家级自然保护区、西安金丝猴自然保护区等对金丝猴实施保护。

另外，动物专家还发现金丝猴具有携带死婴的行为。当小金丝猴死去之后，有的金丝猴妈妈并不是把它们抛弃在野外，而是依旧抱着死去的小金丝猴在树间攀爬，还不时抚摸它们，为它们整理毛发，不离不弃。对于以树栖生活为主的金丝猴来说，与正常幼猴相比，死去的幼猴更难携带。既然如此，金丝猴妈妈为什么还要不辞辛苦携带死去的小金丝猴呢？这一直是困扰动物专家的一个难题。

狗的嗅觉

有些动物对食物、异性、敌害的发现与识别主要是依靠嗅觉，在行为上的重要性超过其他远距离感觉，特别是超过视觉，这类动物称为嗅觉动物。哺乳动物一般属嗅觉动物，狗是人们熟知的嗅觉动物。

可爱的狗狗

狗的嗅觉主要表现在两方面：一是对气味的敏感程度，二是辨别气味的能力。它的嗅觉灵敏度居各畜之首。对酸性物质的灵敏度要高出人类几万倍。狗的嗅觉感受器官叫作嗅黏膜，位于鼻腔上部，表面有许多皱褶，面积约为人类的4倍，嗅黏膜内的嗅细胞是真正的嗅觉感受器，有2亿多个，是人类的40倍。狗辨别气味的能力相当强，可在诸多的气味中嗅出特定的味道，它发觉气味的能力是人类的100万倍甚至1000万倍，分辨气味的能力超过人类1000倍。警犬可以辨识10万种以上的不同气味。

趣味点击 狗对陌生人的行为准则

狗对陌生人的行为准则是根据自己视线的高度来判断对手的强弱。陌生人一靠近，从上面下来的压迫感会使它不安，若采用低姿势，它便会接受你。如果比它眼睛看到的高度更低时，会使它更安心。狗的弱点在右边，它会为保护右边而行动。当它在被追得走投无路时，会让自己的右侧靠墙，把左侧面对敌人。狗让人家看它的肚子是向对方表示顺从和投降。

狗根据嗅觉信息识别主人，鉴定同类性别、发情状态，识别母仔，辨别路途、方位等。狗在认识和辨别物体时，先嗅几遍才作决定。遇到陌生人时，总要围着转来转去，嗅其味道。经过特殊训练的狗，像警犬、军犬、猎犬、牧犬等，还可用于侦缉和传递各种信息。人们正是利用狗嗅觉灵敏的绝对优势，做了大量人类无法做到的工作。

大象的长鼻子

大象的鼻子是由近 4 万块富有弹性的小肌肉组成，它能极灵活地伸缩自如，做出灵巧的动作。它有千万根神经末梢，鼻端生有 1 个（亚洲象）或 2 个（非洲象）手指般的突起物，有舌头尝味和鼻子嗅气味的两种功能。由于它这种奇特的结构，大象的鼻子具有独特的功能，使用起来得心应手。

基本小知识

神经末梢

为神经纤维的末端部分，分布在各种器官和组织内。按其功能不同，分为感觉神经末梢和运动神经末梢。感觉神经末梢又称传入神经末梢，接受外界和体内的刺激。运动神经末梢又称传出神经末梢，把神经冲动传布到肌肉和腺体组织上，使它们产生运动和分泌活动。

大象的鼻子不仅是呼吸器官和嗅觉器官，它还有触觉功能，还可用来摄取食物、饮水、搬运物品和进行攻击，甚至还用来在个体间交流感情、传送信息；经过训练的象，还能用鼻子握住口琴吹起曲子来。毫不夸张地说，大象的鼻子无愧是它的万能工具。

亚洲象

敏锐嗅觉是大象鼻子的又一大功能。有经验的猎人都知道，在密林中避免大象的攻击，掌握风向，要比对付其他动物更难。因为大象能在下风处几千米远的地方嗅出异味。象在移动和站立时，都会将鼻子不停地前后左右摆动，这是它在用鼻子收集周围的嗅觉信号呢！还有，象的嗅觉也可以用于彼此沟通，当两头陌生的象相遇时，它们的鼻子便忙碌起来，因为在象鼻子的前端长着感觉敏锐的纤毛。两头陌生的象会用鼻子不停地触碰对方的鼻子、嘴巴、眼睛、耳朵、足和身体，直到确认了对方的“容貌”后才停下。

知识小链接

纤毛简介

从真核细胞表面延伸出来的膜包围的运动结构。具有微管束组成的核心，能够进行重复的拍击运动。许多细胞的表面具有大量的纤毛，单细胞生物借其游动。

大象还可嗅出几百米外甚至更远的味，它还可判断是否有危险，一旦发觉有危险，要么是逆风而逃，要么便猛冲，决一死战。

大象的鼻子像人手一样灵活，这话不算夸张。它伸长鼻子，能轻而易举地把树上的果子和枝叶摘下，然后再卷回鼻子，送进嘴里；若是想吃地面上的草，连根拔起时，会在腿上拍打掉泥土再送到嘴里吃；它还能用鼻子品味是否有好吃的食物。

大象的鼻子还可用来吸水。大象干渴的时候，把鼻子插进河水中咕嘟咕嘟地吸起水来，真像一部小型抽水机，一会儿工夫，它就喝足了。对此，可能有的人很怀疑，象鼻子主要是用来呼吸的，用它喝水时，水不会呛入肺部吗？其实，这种担心是多余的。原来，在象的鼻腔后面食道

广角镜

最长寿的哺乳动物

在哺乳动物中，最长寿的动物是大象，据说它能活 60—70 岁。当然野生场合和人工饲养是不同的，前者的寿命短些。据记载，哥拉帕格斯群岛的长寿象能活 180—200 岁。

上方，有一块特殊的软骨，起“阀门”一样的作用。象吸水时，喉咙部位的肌肉收缩，“阀门”关闭，水可以顺利进入食道，而不进入气管。饮水后，喷出鼻内残留的水，这时，“阀门”自动打开，呼吸正常进行，这种巧妙的结构，真是奇妙无止。

大象的鼻子触觉很灵敏，能捡起掉在地上的铁钉或小针。这是因为在鼻子末端突起的上面分布着丰富的神经细胞。大象的鼻子还是防身自卫的武器。大象对付那些身小力薄的野兽时，易如反掌，即使遇上猛兽，它也不怕，它会先挥动鼻子抽打敌手，然后将它卷起抛入空中，摔个半死。

另外，象过着群居的生活。象群主要由母象、象姐妹和幼象构成。雄象在长大后就会离群，或加入到只有雄象组成的临时的象群中，或是独自生活。因此，象与象之间的相互联系是非常重要的。象为了传递信息，我用长鼻子做出各种姿势，传递视觉信号；或从鼻子里发出声音，传递听觉信号。象传递的声音，除了吼声，还有从鼻子发出的“喇叭声”，还可以发出频率为14～24赫兹的低频信号，和远距离的同伴进行联络。

大象的尸体哪去了

大象是一种极有灵性的动物。传说大象能够预知自己的死期。当老象知道大限将至时，就会偷偷离开象群，独自隐藏到密林幽谷中的大象坟场，在那里等待死亡的来临。数百年来，只要有大象活动的地方就有类似的传说存在。的确，虽然大象身躯庞大，但从没有人见过大象的尸体，它们都到哪儿去了呢？1970年，一位动物学家在非洲密林

非洲象

深处看到了大象葬礼的全过程。

在离密林几十米处的一块小草原上，几十头大象围着一头奄奄一息的雌象，像是在开会一样。当这头雌象倒在地上死去时，周围的象发出一阵哀号，为首的雄象用长长的象牙掘土，用鼻子卷起土朝死象身上投去，其他的象也很快相互效仿，一起做起来。

一会儿，死象身上堆满了土、石块和枯草。接着，为首的雄象带领众象去踏这个土堆。不一会儿，这个土堆就成了一座坚固的“象墓”。众象围着“象墓”转了几圈，像是在和遗体告别，然后就离去了。

为什么人们找不到大象的尸体呢？科学家经过观察发现，有的大象死了以后，很快就被其他动物分食了。因为象群一般要到数十里甚至近百里的地方寻找足够的食物，年老的患病的象追随象群感到吃力，便脱离象群，独自去找隐藏的地方藏身，悄然死去。如果遇到大雨或者河水泛滥，尸骨和象牙也可能被洪水冲散，或者被泥沙掩埋。此外，热带成群的腐食者如豺、兀鹰等，用不了两天，就会把大象尸体分食干净，甚至连象牙也难免被豪猪所啮噬。即使有留下的象牙，也会因炎热、潮湿而被腐蚀掉。

拓展阅读

豪猪简介

豪猪，又称箭猪，是啮齿目动物中的一类，全身密布长刺，可以用来防御掠食者。豪猪有褐色、灰色及白色。不同种类豪猪的刺有不同的形状。豪猪的刺非常锐利，很易脱落，能够刺入攻击者身体中。它们的刺还有倒钩，可以挂在皮肤上，很难除去。

梅花鹿的“花衣裳”

梅花鹿性情机警，行动敏捷，听觉、嗅觉均很发达，但视觉稍弱，胆小易惊。由于四肢细长，蹄窄而尖，故而奔跑迅速，跳跃能力很强，尤其擅长攀登陡坡。

梅花鹿身上的“花衣裳”，为什么只在夏天看得见？这是因为一般的哺乳动物，长期生活在大自然里，为了适应环境，其身上的毛色也会跟着改变。譬如夏季时，自然景色的色调会较为浓艳，所以它们的毛色就跟着变得比较深，而冬天则相反。

梅花鹿

当梅花鹿要脱换冬毛时，它身体上一部分毛的白色素会变多，于是会长出一些白毛，而因为此刻的气候较炎热，所以它身上的毛也会比较稀薄，这时候，我们就很容易看出由白毛构成的梅花斑点。而到了冬天，夏毛脱落换成冬毛，白色的毛同时也减少了。另外，毛也变得又厚又长，所以稀疏的白色斑点，自然也就不易见到了。

拓展阅读

我国梅花鹿生存状况

梅花鹿在中国已是高度濒危动物，野生种群总数量不到1000只。华北亚种和山西亚种已经灭绝，华南亚种在安徽、浙江与江西的边界有大约200只，在广西有不到100只。四川亚种在四川北部和甘肃南部有大约500只。东北亚种可能已灭绝。台湾亚种原本已经灭绝，不过后来将驯养的种群野化并释放，现有大约有200只。

能够“飞翔”的兽——蝙蝠

人们常用“飞禽走兽”一词来形容鸟类和兽类，但这种说法有时却并不一定正确，因为有一些鸟类并不会飞，而有一些兽类却能够飞翔，比如蝙蝠，它们虽然没有鸟类那样的羽毛和翅膀，飞行本领也比鸟类差得多，但其前肢十分发达，上臂、前臂、掌骨、指骨都特别长，并由它们支撑起一层薄而多毛的，从指骨末端至肱骨、体侧、后肢及尾巴之间的柔软而坚韧的皮膜，形成蝙蝠独特的飞行器官——翼手。中国古代也有关于蝙蝠的记载，说它们生活在石钟乳洞里，名叫仙鼠，那里的蝙蝠因为能够喝到洞里的水得到长生，千年之后它们的身体颜色也有了巨大的变化，从原来的黑暗的颜色变成了通身雪白，这也许就是它们为什么被称为仙鼠的原因吧。蝙蝠的胸肌十分发达，胸骨具有龙骨突起，锁骨也很发达，这些均与其特殊的运动方式有关。它非常善于飞行，但起飞时需要依靠滑翔，一旦跌落地面后就难以再飞起来。飞行时把后腿向后伸，起着平衡的作用。

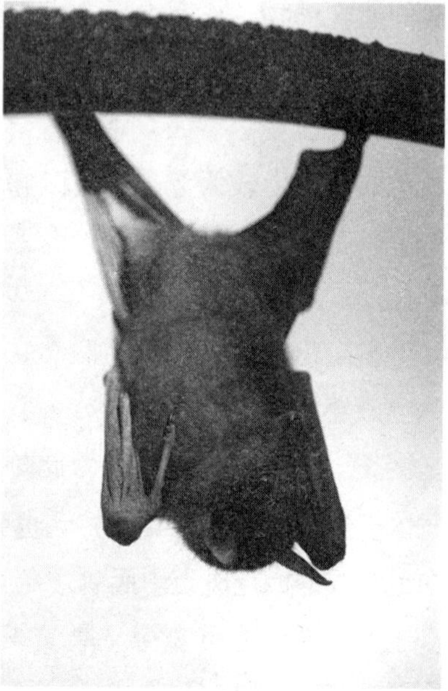

蝙　蝠

蝙蝠倒挂是生活习性，所谓生活习性是指为了生存而产生的生活特性。蝙蝠的腿是不能够用于行走的，它只能够借助于翅膀的力量爬。所以，蝙蝠不能够像其他能够飞行的动物那样借助于腿部力量起飞。一般小型的鸟类起飞是先跳起来，离开地面，再扇翅飞行；体型大的鸟类，如天鹅，得先助跑达到一定的速度后才能够飞离地面；昆虫也是先跳起来再飞。蝙蝠则采用更省力的办法，倒挂在空中，一松“手”，伸开翅膀就可以滑翔了。这就是为什么蝙蝠平时回到栖息的洞中总是挂在空中的原因（当然有的时候它也不是倒挂着，如求偶时）。

基本小知识

石钟乳

石钟乳，又称钟乳石，是指碳酸盐岩地区洞穴内在漫长地质历史中和特定地质条件下形成的石钟乳、石笋、石柱等不同形态碳酸钙沉淀物的总称，钟乳石的形成往往需要上万年或几十万年的时间。由于形成时间漫长，钟乳石对远古地质考察有着重要的研究价值。

蝙蝠一般都有冬眠的习性，冬眠时新陈代谢的能力降低，呼吸和心跳每分钟仅有几次，血流减慢，体温降低到与环境温度相一致，但冬眠不深，在冬眠期有时还会排泄和进食，惊醒后能立即恢复正常。它们的繁殖力不高，而且有“延迟受精”的现象，即冬眠前交配时并不发生受精，精子在雌兽生殖道里过冬，至翌年春天醒眠之后，经交配的雌兽才开始排卵和受精，然后怀孕、产仔。

蝙蝠在夜里飞行，还能捕捉飞蛾和蚊子；而且无论怎么飞，从来没见过它跟什么东西相撞，即使一根极细的电线，它也能灵巧地避开。为了弄清楚这个问题，100 多年前，科学家做了一次试验。在一间屋子里横七竖八地拉了许多绳子，绳子上系着许多铃铛。他们把蝙蝠的眼睛蒙上，让它在屋子里飞。蝙蝠飞了几个钟头，铃铛一个也没响，那么多的绳子，它一根也没碰着。

你知道吗

什么是超声波

超声波是频率高于 20000 赫兹的声波，它方向性好，穿透能力强，易于获得较集中的声能，在水中传播距离远，可用于测距、测速、清洗、焊接、碎石、杀菌消毒等。在医学、军事、工业、农业上有很多的应用。超声波因其频率下限大约等于人的听觉上限而得名。

科学家又做了两次试验。一次把蝙蝠的耳朵塞上，一次把蝙蝠的嘴封住，让它在屋子里飞。蝙蝠就像没头苍蝇似的到处乱撞，挂在绳子上的铃铛响个不停。三次不同的试验证明，蝙蝠夜里飞行，靠的不是眼睛，它是用嘴和耳朵配合起来探路的。

夜间飞行的蝙蝠

科学家经过反复研究，终于揭开了蝙蝠能在夜里飞行的秘密。它一边飞，一边从嘴里发出一种声音。这种声音叫作超声波，人的耳朵是听不见的，蝙蝠的耳朵却能听见。超声波像波浪一样向前推进，遇到障碍物就反射回来，传到蝙蝠的耳朵里，蝙蝠就立刻改变飞行的方向。

模仿蝙蝠探路的办法，人们给飞机装上了雷达。雷达通过天线发出无线电波，无线电波遇到障碍物就反射回来，显示在荧光屏上。驾驶员从雷达的荧光屏上，能够看清楚前方有没有障碍物，所以飞机在夜里飞行也十分安全。

广角镜

生物与仿生学

生物具有的功能迄今比任何人工制造的机械都优越得多，仿生学就是要在工程上实现并有效地应用生物功能的一门学科。例如关于信息接受（感觉功能）、信息传递（神经功能）等，这种生物体的结构与功能在机械设计方面给了很大启发。如将海豚的体形或皮肤结构（游泳时能使身体表面不产生紊流）应用到潜艇设计原理上。

老鼠的智商有多高

古时，人们对鼠这种动物是相当畏惧的。鼠什么东西都咬，还会传播鼠疫。“老鼠过街，人人喊打”这句俗语就表明人们对老鼠的憎恶。有些地方因为迷信，在说到老鼠时，往往不敢直呼其名而呼之以“耗子”等。也有人认为老鼠的“老”是指年老的意思，认为老鼠是鼠类中最为长寿的，但这种说法未必可信，因为老鼠并不长寿。

老 鼠

老鼠智商高得惊人，据说，一只成年老鼠的智商相当于8岁儿童。多少年来，人类消灭老鼠的努力一直没有结果，开始人们把失败归咎于老鼠不断增强对药物的抵抗力，但最近有人认为这是由于老鼠的智商特别高的缘故。

灵长类动物的大脑呈螺旋状，但是老鼠的大脑却是一片平滑，不过，这一点并不影响老鼠具有惊人的智慧。科学家们指出，老鼠的适应力暗示出它们有极精致的神经系统。老鼠为了对付鼠药，如今它们都知道寻找富含维生素E的食物来吃，因为这种物质有助于解毒。

老鼠还有一种特殊的能力，就是可以把对新事物的好恶跟同伴进行交流，并且作为一种遗传

你知道吗

什么是维生素

维生素又名维他命，通俗来讲，即维持生命的物质，是维持人体生命活动必需的一类有机物质，也是保持人体健康的重要活性物质。

基因传给下一代。老鼠生来很谨慎，第一次吃到新鲜的东西，它决不吃致命的分量，而且一发现有不对劲儿，它不让其他的老鼠接近，从而保护了整个鼠群。

知识小链接

灵 长 目

哺乳纲的一目，目前动物界最高等的类群。大脑发达；眼眶朝向前方，眶间距窄；手和脚的趾（指）分开，大拇指灵活，多数能与其他趾（指）对握。包括原猴亚目和猿猴亚目。

筑坝大师河狸

有一年德国纽伦堡的市政当局，准备花 2 万马克在森林边缘的一条小河上修座水坝，但是当地的公众群起反对，此事也就拖延下来。

一天早晨，森林的管理员跑到市政府厅报告说："河坝已经建成。"官员闻听大惊，问是谁建造的，管理员说："筑坝大师就是河狸，它们的劳动不要任何报酬。"此事在当地传为佳话。

河狸被称为动物王国中的"土木建筑师"是当之无愧的，在它们的一生中要花费大量的时间来修宅筑坝。所筑堤坝的长度从几米到几百米不等。在美国，有些河狸建的堤坝长达 700 米，高约 4 米，人不仅能在坝上行走，还可以在上面骑马，可见堤坝之牢固。

河狸是老鼠的近亲，属于啮齿类动物。它的体型较大，长 60～80 厘米，腰围与体长差不多，故此看上去显得肥胖浑圆，讨人喜欢。河狸的前足有强大的锐爪，后足的五趾间有鸭子一样的蹼，是河狸游泳的工具。河狸的尾巴特殊，扁平无毛却布满了鳞片，是游泳时的加速器和方向舵。河狸的皮毛致密，棕褐色且发光，有油质不沾水，它也因此而招来横祸，常常无辜被人捕杀，猎取皮毛，这导致它们的数量急剧减少。

河狸以植物为食，树枝、树根、树干都是它们的美味佳肴。每到秋天，河狸开始贮存冬季的食物，这时它专啃粗大的树木，其伐木速度之快，令人不敢相信。一根碗口粗的树木，只需 5 分钟就能啃断，平均每秒钟从口中吐出 3 次碎屑，好似一台伐木的油锯。河狸贮备食物也比较特殊，将越冬的“口粮”树枝藏在水下，然后用一些石头压在上面，以免食物浮上水面漂走。

河狸的筑坝是一种自卫行为，它们为使自己巢穴的洞口在水下 1 米深的地方，以防河水枯干时，洞口暴露在外。因此，河狸需在洞口的上侧建立拦河坝以封住洞口，一旦狐狸、浣熊类的动物寻觅河狸时只好望水兴叹了。

河狸的筑坝工作相当巧妙，首先是伐木。它可以控制大树的倒向，使树木总是倒向岸边的水中，从不例外。如果树木离水较远，河狸还会在地面上挖一条数厘米深的“运河”，借水流将树干运到工地。

当树木在水中堆好以后，河狸用灵巧的前爪将泥土或石块高高举起，用后肢“踩水”往堆好的树枝处填充，如此往复数日，一条拦水堤坝便筑成了。这时的河狸可以进入安全的洞内休息，尽情享受生活的乐趣了。

老鼠为什么不吃木头却啃木制品

我们知道，老鼠虽属杂食动物，但它并不吃木头，可我们又发现它经常咬坏衣柜、木箱等木制品，这是为什么呢？这是因为鼠类有一个共同的特点，就是都有一对不停地生长的大门牙。因此，它们必须不断地磨牙，不然牙齿会长得撑起它们的嘴巴，使其无法闭嘴，连东西也不能吃了，最终会因此饿死。所以老鼠总是通过咬木头制品、衣物等磨它的大门牙。

老鼠的视力非常糟糕，但它们可以通过胡须来弥补这一缺陷。它们用嘴部前端的胡须来探路，正如一些盲人利用拐杖在前方探路一样。穿过物体时，老鼠的胡须就会被触动，这样，老鼠就可以对周围的物体产生印象。

北极熊为什么不怕冷

在冰天雪地的北极地区，生活着一种全身雪白的巨兽，它就是大名鼎鼎的北极熊，也叫白熊。北极地区的气温经常达到－80℃，在这样严寒的环境中生活，北极熊为什么不怕冷呢？

北极熊

原来，北极熊的皮毛很特别，分为两层，外面是针毛层，油油的像一根根针似的，游泳时能防止水浸入；里面是绒毛层，含有很多空气，保暖性能特别好。科学家对北极熊浓密的皮毛进行了研究，发现其毛发并不是白色的，而是无色透明的。这种毛发实际上是一个个空心管子，好像一根根石英纤维。这些毛发能把射入的太阳光散射开来，使毛发看起来呈白色，形成了北极熊极好的保护色。同时，这种毛发还能把散射的辐射光传递到皮肤表面。在那里，辐射光被吸收并转变成热能，使北极熊在新陈代谢中所损耗的热量得到补充。令人惊奇的是，北极熊这种天然的太阳能收集器效率很高，能把95%以上的太阳辐射

广角镜

北极熊危机

《美国地质勘探》杂志在一篇报道中预测，由于全球变暖、北极冰面融化，到2050年地球上北极熊数量可能减少三分之二，其中阿拉斯加地区的北极熊将绝迹。美国鱼类和野生生物管理局2007年1月提议把北极熊列为《濒危物种法》保护对象。北极熊依靠冰面为平台猎捕海豹。人们认为，全球气候变化导致冰面融化，危及北极熊的生存区域。

能转为热能，所以北极熊能生活在天寒地冻的北极。由于北极熊特别爱吃富含脂肪的食物，而且食量大，因此把自己养得白白胖胖的，长了一身厚厚的皮下脂肪，这厚厚的脂肪也能帮助它抵御严寒。

另外，科学研究发现，北极熊肥胖的体内存有一种抗寒的化学物质，其作用就像往水中加防冻剂一样。这样，北极熊不怕冷就不足为奇啦。

北极熊的脚掌长得又肥又大，而且还有一层很厚的密毛，就像穿了一双毡鞋，自然也不怕冰天雪地。

棕熊的“独身主义”

棕熊是奉行独身至上的动物。它们都有各自的领地，且通常颇为广阔，因为广阔的领地可以让它们衣食无忧，也能更容易地找到心上人。居住在内陆的棕熊领地很大，公熊的领地可能会有700～1000平方千米之巨，成年母熊有100～450平方千米需要巡视。

棕　熊

而那些生活在岛屿海边的家伙领地则要小不少，公熊通常只有133～219平方千米，母熊则是28～92平方千米。棕熊们领地相交的情况是较为常见的，公熊的领地有时就会和几只母熊的相交错。

季节的变化会带来食物种类和资源的变化，例如鲑鱼产卵和浆果高产的丰收时节，这时它们可能会步行几百千米，迁移到食物最丰富的地方大嚼一番。这时棕熊们总是大群地聚集在一起，于是乎棕熊间不同的等级分别便一目了然。

级别最高的是那些体型庞大的大公熊，而级别最低，威胁性最小的则是那些刚刚独立不久的熊。带着孩子的单身母熊虽位列第二，但它们都是相当有危险性的，出于对幼子的爱护，这些母熊们总是十分好斗。

拓展阅读

棕熊的食性

棕熊是杂食性动物。一般来说，植物性食物占了60%～90%，这其中包括各种植物根茎、块茎、草籽、谷物及各种果实等等。其余则为动物性食物，例如昆虫、啮齿类动物、有蹄类动物（例如麋鹿、驯鹿、驼鹿、野牛等）、野猪、鱼和腐肉等。

黑熊“跌膘”和“吃蚂蚁”之谜

在我国长白山一带流传一种说法，即黑熊会上树但不会下树，下树时从树冠上往下摔，即“跌膘”。近些年，有人提出了相反的观点，认为黑熊跌膘是生理需要，而不是不会下树。

黑　熊

长白山一带的人们都知道黑熊爱吃蚂蚁，并说常吃蚂蚁的熊，其胆汁多、质量好；治疗人的眼病、肝炎等症有特效。近几年有关专家称，黑熊吃蚂蚁也是生理需要，同跌膘的目的一致。那么，黑熊为什么喜欢吃蚂蚁呢？

科学家研究发现，黑熊是杂食动物，除了肉食以外，也吃野果、玉米等。有些野果吃到肚中不易消化，腹胀肠满，它不可能像人一样吃消化药物，但却有其特殊的本能，那就是吃活蚂蚁，当消化药。蚂蚁被熊吃进腹中之后，不会马上死掉于是便在胃肠中疯狂地爬动逃生，如此，就替黑熊疏通了肠胃，起到消化食物的作用。据说有些蚂蚁从熊肛门钻出后，还是活的呢！

蚂蚁并不是随时可以吃到的，有时黑熊吃不到蚂蚁，胃肠又堵得难受，怎么办？它还有个笨办法，爬到树顶上往下跳，即“跌膘”，通过这一摔，很可能就将肠胃疏通了。这样看来，黑熊跌膘不是不会下树，而是为了疏通肠胃，如同吃蚂蚁一样。

此种观点似乎有道理。不然，黑熊爬树十分麻利怎能不会下树？至于吃蚂蚁，是否还有别的因素，还有待进一步研究。

趣味点击

长白山

长白山，位于中国辽宁、吉林、黑龙江三省东部和中朝边境地区。东北—西南走向。包括白头山、完达山、穆棱窝集岭、老爷岭、张广才岭、吉林哈达岭、老岭等。南北伸展约1300千米，东西宽约400千米，略呈纺缍形。一般海拔1000米以上。多火山遗迹。富森林及矿藏。是中国重要的林业基地。

拓展阅读

黑熊的主要分布

黑熊居住区主要分布在亚洲南部，这支居住大军的分布位置从阿富汗贫瘠的山区开始，沿着巴基斯坦和印度北部、尼泊尔、不丹，直到缅甸和我国的西南部，包括海南岛和台湾。偏北的一支则分布在我国的东北、俄罗斯东南以及日本的四国和本州。

貂熊尿的妙用

貂熊其实就是狼獾，身子很长，约有 1 米，重量却只有 10—25 千克，这家伙生性贪婪，小至白蚁，大到马鹿，都逃不过它的猎捕。貂熊在捕食的时候有个秘密武器，就是用尿在地上画出一个很大的圈子，只要被圈在圈内的动物只有在那里乖乖受死，不敢跑出圈子，而圈外的动物也不敢进去滋扰。

貂 熊

原来貂熊尿液充满类似“阿摩尼亚”的臭气，非常刺鼻，使来犯的猛兽闻后立即感到恶心呕吐。阿摩尼亚，化学名称为“氨”，阿摩尼亚无色、有臭味，吸入会感到作呕及晕眩外，严重者会伤害肝脏。

在我国大兴安岭林海深处散居着鄂伦春人。在一些人家，偶尔能见到笼养的貂熊，主人常用“饥饿法”逼貂熊撒尿，用貂熊尿驱除猛兽之害，以保护婴儿、家园的安全。

知识小链接

氨 简 介

氨是一种无色气体，有强烈的刺激气味。极易溶于水。氨对地球上的生物相当重要，它是所有食物和肥料的重要成分。氨也是所有药物直接或间接的组成。氨有很广泛的用途，同时它还具有腐蚀性等危险性质。由于氨有广泛的用途，氨是世界上产量最多的无机化合物之一，多用于制作化肥。

关东三宝之一——紫貂

俗话说，关东有三宝——人参、貂皮、乌拉草。这里所说的貂就是紫貂。紫貂现在仅见于黑龙江的大兴安岭、小兴安岭、老爷岭、完达山，吉林的长白山和辽宁的桓仁满族自治县境内气候寒冷的林海雪原中，以及新疆北部的阿尔泰山等地，呈间断性分布。

紫 貂

紫貂除了雌兽生育儿女时在石堆或树洞中筑窝外，其他季节都过着四处流浪的生活。常以石缝、石洞、树洞等作为临时住处。紫貂是非常爱干净的动物，它们的“住所”总是保持干净与整洁，还分为仓库、厕所和卧室等。卧室呈小圆形，直径20～25厘米，里面铺垫有草、鸟羽和兽毛等，洞口常有入口出口之别，活动范围一般在5～10平方千米左右。

趣味点击　貂不足，狗尾续

在中国古代，皇帝的侍从们爱用貂的尾巴来做帽的装饰。《晋书·赵王伦传》中记载，当时由于任官太滥，貂尾不足，就用狗尾代替。因此人们讽刺道：“貂不足，狗尾续。”“狗尾续貂”这个成语就来自于此。在清朝，有严格规定，只有高官显爵才能穿着貂皮，以珍贵毛皮来抬高少数统治者的身价。

除交配期外，紫貂多独居。其视、听觉敏锐，行动快捷，一旦受惊扰，瞬间便消失在树林中。昼夜均能活动觅食，但以夜间居多。食物短缺时，白天也出来猎食。多在地上捕捉猎物，攀援爬树也很灵活。冬季食物短缺时，就迁移到低山地带，待天气转暖时再返回。

由于貂皮为名贵裘皮，有很高的经济价值，所以，紫貂长期遭到大量捕杀。加之紫貂的繁殖力不算太强，以及大面积采伐森林，使其数量锐减，目前属于濒危物种。

为什么叫狍子为“傻狍子”

狍子是我国东北林区最常见的野生动物之一，东北人叫它“傻狍子”。其实，狍子并不是真的傻，而是它天生好奇的性格，给人以傻乎乎的感觉罢了。

狍子的好奇心很重，见了什么都想看个究竟，碰见人就站在那儿“琢磨”这人是怎么一回事；碰见车就盯着“研究”个没完，像个总爱研究事物的专家。若是车在夜晚行路碰到狍子，狍子的举动就更让人有理由叫它傻狍子了。

狍 子

狍子的好奇常使自己陷入困境，狍子不管遇到什么情况，很少会像其他动物那样拼命地跑，一直跑到安全的地方才停止。狍子遇有情况也会逃跑，不过，狍子的奔跑不会持久，它跑一会儿就要停下来看一看，看形势对自己不利再跑，跑一会儿又忍不住停下来看。有时候追击者突然大喊一声，它也会停下来看。

拓展阅读

狍子的经济价值

狍子是经济价值比较高的兽类之一，狍肉质纯瘦，全身无肥膘，肉营养丰富，细嫩鲜美，是瘦肉之王。肝、肾等均可食，有温暖脾胃、强心润肺、利湿及延年益寿之功能。其皮加工后是有名的狍皮“绸”，非常珍贵，是制裘衣的上好原料。

勤快聪明的松鼠

松鼠体态优美、小巧玲珑、活泼可爱，一直是人类喜爱的观赏动物。法国作家布封曾经这样描绘过松鼠："松鼠是一种漂亮的小动物，乖巧、驯良，很讨人喜欢……常吃的是杏仁、榛子、榉实和橡栗。它们面容清秀，眼睛闪闪有光，身体矫健，四肢轻快，非常敏捷，非常机警，玲珑的小面孔衬上一条帽缨形的美丽的尾巴，显得格外漂亮；尾巴老是翘起来，一直翘到头上……"

在森林里，松鼠翘着大尾巴在树上跑来跑去，十分灵巧，而且还能从这根树枝跳到那根树枝。当它们腾空跳跃时，从来不会失足落下来，这可是大尾巴帮助平衡的功劳。

◎ 采集食物好过冬

秋天一到，松鼠就开始采集过冬的食物，然后再把这些食物藏到自己的仓库里。一只松鼠常将几千克食物分几处贮存，有时还能见到松鼠在树上晒食物，不让它们霉烂变质。在长白山的密林里，一到秋天，就可以看见活泼的小松鼠拖着大尾巴，在树上跳来跳去，它们在忙着采集红松球果，准备过冬的粮食。别看它个头小，它把采集到的种子塞在颊囊里，一次能搬动七粒圆鼓鼓的红松种子！它们把采集到的种子埋在地下。到了冬天，大雪茫茫，要把"粮仓"都找到，可不是件容易的事。春暖花开，被松鼠遗忘的红松子发芽了，长成了一棵棵的小红松。

在寒冷的冬天，松鼠吃完食物，就缩进洞里，把那条又长又蓬松的大尾严严实实地盖在头上，整个身子缩成一个团，就像围了一条大毛围巾。

◎ 聪明好学的松鼠

德国的一位研究者曾设计了一个巧妙的实验，他在天然环境中养松鼠，但不给它们任何硬壳果，让它们没有碎裂硬壳果的练习机会，用这样的方法来判断有经验的松鼠咬开榛子时那种干净利索的方法，是否属于“一种天生的本性”，他很快就发现松鼠虽然凭借天然本能就会识别、转动和碎裂硬壳果，但要经过“反复尝试”这一过程，方能有效地自如操作。

一只从未见过榛子的松鼠首次去咬破这种硬果，它会不停地咬，最后虽然咬开了榛子，但在壳上留下了不少齿痕；第二次，就有进步了，咬破后的果壳比第一次好看些，但所花的时间仍然很长；通过再次练习后，进步更大，它先咬榛壳末端较软和较硬部分连接处，把整片咬掉，最好的办法虽未发现，但已在望了；最后松鼠终于发现榛壳本来有天然的沟纹，深咬沟纹可毫不费力地咬开榛子。

这一实验证明了打开硬壳果是松鼠的天生欲望，抱着硬壳果去咬正是它的本能，但将这些行为综合起来，组成碎裂某种硬壳果所需的缜密配合的行动，则是需反复尝试学得的技巧。

那么碎裂硬壳果这种行为，和松鼠储藏硬壳果的行为相比较，后者便是纯粹的天生本性了。研究人员认为，假如储藏的行为也要反复尝试学得的话，那么松鼠就过不了第一个冬天。

而松鼠当作食物的硬壳果种类很多，不能都用同一方法去弄碎，而要一一区别对待，尝试便会很有效。

“狡兔三窟”的雪兔

雪兔是我国唯一会变色的野兔。为了适应冬季严寒的雪地生活环境，冬天毛色变白，直到毛的根部，耳尖和眼圈黑褐色，前后脚掌淡黄色；夏天毛色变深，多呈赤褐色。雪兔栖息于寒温带或亚寒带针叶林区的沼泽地的边缘，河谷的芦苇丛、柳树丛中及白杨林中，是寒带和亚寒带森林的代表性动物之一。除发情期外，一般均单独活动。

雪兔白天隐藏在灌木丛、凹地和倒木下的简单洞穴中，里面铺垫有枯枝落叶和自己脱落的毛。清晨、黄昏及夜里出来活动，巢穴并不固定，故有“狡兔三窟”的说法。它从不沿自己的足迹活动，总是迂回绕道进窝，接近窝边时，先绕着圈子走，观察细听，然后慢慢地退着进窝。雪兔性情狡猾而机警，行动无一定规律，活动时通常先耸耳静听以决定去向，离窝前制造假象以便迷惑天敌，以便兔窝不被天敌发现。它的嗅觉十分灵敏，巢穴通常都在略微通风的地方，睡觉时鼻子朝上，以便随时嗅到随风飘来的天敌气味，两只耳朵也警惕地倾听任何一点异常的声音。冬季降大雪后，它就挖一些 1 米多深的洞穴居住在里面，并且在雪地上形成纵横交错的跑道。遇到危险时，它的两眼圆睁，耳朵紧贴在背上，呈低蹲伏，常常由于具有一身与环境相仿的保护色而躲过天敌的袭击。雪兔善于跳跃和爬山，也适于在雪地上行走，平时活动多为缓慢跳跃，受惊时便一跃而起，以迅雷不及掩耳的速度飞驰而去，顷刻间消失得无影无踪。它在快跑时一跃可达 3 米多远，时速为 50 千米左右，是世界上跑得最快的野生动物之一。跑动之中常常腾空而起，高达 1 米以上，以便观察周围的动静，再确定逃跑的方向。在奔跑时，它还能突然止步，急转弯或跑回头路以摆脱天敌的追击。

雪　兔

趣味点击　“狂若三月之野兔”

雪兔平时胆小，性情温和，然而一到 3—5 月的交配季节，就一反常态，不再像平时那样谨慎而隐蔽，变得异常活跃，整天东奔西窜寻找配偶。为了获得雌兔的青睐，雄兔常常欢蹦乱跳，嬉戏狂欢，跳跃时做出各种怪诞的动作，这就是谚语中所说的“狂若三月之野兔”。

“刹车手”负鼠装死

负鼠是一种身长40～45厘米、外形似老鼠、比较原始的有袋类动物，主要生活在拉丁美洲。

负鼠性情温顺，常常夜间外出，捕食昆虫、蜗牛等小型无脊椎动物，也吃一些植物性食物。平时，负鼠喜欢生活在树上。它行动十分小心，常常先用后脚钩住树枝，站稳之后再考虑下一步动作。如果发现树下有入侵者，它并不马上逃跑，而是用前肢紧紧地握住树枝，并睁大两只眼睛，注视着入侵者的一举一动，然后再决定对策。

负鼠的天敌很多，比如狼、狗等，但是在遭遇敌害的时候，它有一个“装死”的绝招，十分灵验，可以迷惑许多敌害。它在即将被擒时，会立即躺倒在地，脸色突然变淡，张开嘴巴，伸出舌头，眼睛紧闭，将长尾巴一直卷在上下颌中间，肚皮鼓得老大，呼吸和心跳中止，身体不停地剧烈抖动，表情十分痛苦地做假死状，使追捕者一时产生恐惧之感，不再去捕食它。如果这种戏剧性的跌倒还不足以迷惑对方的话，负鼠会从肛门旁边的臭腺排出一种恶臭的黄色液体，这种液体能使对方更加相信它已经死了，而且腐烂了。

此刻，当追捕者触摸其身体的任何部位时，它都纹丝不动。大多数捕食者都喜欢新鲜的肉，一旦猎物死了，身体就会腐烂并且全身布满病菌，这时捕食者就会离去。因此，不少食肉动物看见负鼠的确已经“死”了，鼻孔中一点气也不出，连体温都下降了许多，所以就不再管它了。待敌害走远，短则几分钟，长则几个小时，负鼠便恢复正常，见周围已没有什么危险，就立即爬起来逃走，捡得一条性命。

负鼠还有“刹车”的本领，这恐怕还没有其他动物能与之匹敌。也正是它们的这种本领迷惑了捕食者。捕捉它们的动物往往会被这个动作吓得大吃一惊，也急忙“刹车”，并且还会停在那里，好一会儿“丈二和尚摸不着头脑”。而这时，站立不动的负鼠却又突然跃起，疾步逃跑。

这种突变使追捕它们的动物感到惊惶失措，常常站在那里呆若木鸡，眼睁睁地看着煮熟的鸭子又飞了。等追捕者清醒过来想再去捕捉负鼠之时，它们早已跑得无影无踪了。负鼠的这种本领使它们在动物界赢得“刹车手”的称号。

负鼠有一套有趣的养育儿女的本领，而且还以怀胎时间最短而出名。负鼠一般怀孕十二三天就能生下小仔，时间短的甚至只需八天，每胎产仔6～14只。

刚产下的小仔只有2厘米左右长，一经产出便能爬到母亲腹部的育儿袋里，很快找到乳头并紧抓不放，有时一连几星期都挂在乳头上，贪婪地吸吮乳汁。

一段时间后，长大一些的幼仔便会爬到母亲背上，以自己的小尾巴缠住母亲兽弯向背部的大尾巴，由母鼠背负着到处活动，直到能独立生活为止。负鼠也因此得名。

袋鼠家族中的“种族歧视”

一般认为，袋鼠最早是由英国航海家詹姆斯·库克发现的。其实并非如此。在他发现的140年之前，荷兰航海家弗朗斯·佩尔萨特于1629年就遇上了袋鼠。有趣的是，他们对这种前腿短、后腿长的怪兽感到非常惊异，就问当地的土著居民怎样称呼这种动物，土人回答“康格鲁（kangaroo）”，于是，“康格鲁”便成了袋鼠的英文名字，并沿用至今。可是人们后来才弄明白，原来“康格鲁”在当地土语中是“不知道”的意思。

袋　鼠

袋鼠家族中“种族歧视”十分严重，它们对外族成员进入家族不能容忍，甚至本家族成员在长期外出后再回来也是不受欢迎的。家族即使接受新成员，也要教训一番，直到新成员学会许多“规矩”后，才能和家族融为一体。生活于澳大利亚东南部开阔的草原地带的大赤袋鼠是最大的有袋动物，也是袋鼠类的代表种类，堪称现代有袋类动物之王。

随着仿生学的发展，人们不断模仿自然界的动物，以改良汽车的性能。在草原与沙漠地区，带轮汽车行走困难，但袋鼠却能行走如飞。袋鼠是靠强有力的后肢跳跃前进的，于是人们模仿袋鼠的运动方式，研制出无轮汽车——跳跃机，在高低不平的田野和沙漠地区均可通行无阻，高速前进。

知识小链接

红袋鼠简介

红袋鼠又名大赤袋鼠。这类袋鼠是袋鼠科中体型最大的一种，产于澳大利亚及其附近岛屿，是澳大利亚的特产动物之一。红袋鼠其实只有雄性体色是红色或红棕色，而雌性体色都呈蓝灰色。

为什么长颈鹿都是“高血压”

长颈鹿是非洲的一种特有动物，长长的脖子，抬起头来，最高的雄长颈鹿身高可达 6 米，因此是陆地上最高的动物。长颈鹿擅长跳跃，能跳很高，落下时能砸穿汽车。

长颈鹿在高高竖起颈部时，它的头部要高出心脏位置大约 2.5 米，要使心脏的血液压到 2 米多高，这并非一件容易的事情。它低头饮水时，头部又低于心脏位置 2 米多，血液下流脑部，它又怎能受得住呢？

一般来说，大动物心跳慢，小动物心跳快。而长颈鹿的心脏重量有 10 余千克，心壁厚达 7 厘米以上，十分强大有力。在静止时，它的心跳每分钟可达 100 次，比马快 2 ~ 3 倍，每分钟输出的血量可达 60 升，而马只有 20 ~ 30

升；心脏泵压可达 300 毫米汞柱（40 千帕），脑下部的颈动脉的血压保持 200 毫米汞柱，所以长颈鹿堪称世界上血压最高的动物。因为它必须有这样高的血压，才可以将心脏的血液压输到 4～5 米高的头部。如果换上别的动物，这样高的血压早就昏倒了。

长颈鹿

有人提出，长颈鹿这样高的血压，总算使它解决了向头部供血的难题，但它的脑怎能禁得住这么高的血压呢？原来长颈鹿的动脉和静脉的形态已经特化，颈动脉在脑基部分成许多小血管丛，形成一个复杂的网状海绵体；而颈静脉特别大，直径可达 2 厘米多，而且有一系列能够禁受高血压的瓣膜。所以，当长颈鹿抬起头部时，颈静脉是瘪的，而颈动脉的血压在 200 毫米汞柱，高血压流冲到网状海绵体即自行降压，使进入脑部的血压保持正常，不会损害脑。当长颈鹿的头部低下时，颈静脉的瓣膜关闭，使血液保存在宽大的颈静脉内，静脉血既不会回到脑部，又减少流回心脏。此时，它的颈动脉血压降至 175 毫米汞柱，当血拥入网状海绵体时，使许多小血管扩张而减压，这样脑部血压仍然维持正常。

所以，高血压对长颈鹿的长颈抬起和低下活动是一种适应，并不是病态。而它脑基部的颈动脉网状海绵体以及颈静脉的瓣膜，又是适应高血压的有效保证。

知识小链接

虹吸简介

虹吸是一种流体力学现象，可以不借助泵而抽吸液体。处于较高位置的液体充满一根倒 U 形的管状结构（称为虹吸管）之后，开口于更低的位置。这种结构下，管子两端的液体压强差能够推动液体越过最高点，向另一端排放。

科学家发现，长颈鹿的脖子很长，因此它要花不少时间把头从低处抬到高空。科学家起初认为长颈鹿颈部的血管有虹吸功能，能够把血液从心脏吸到大脑。后来研究却发现，长颈鹿有着硕大的心脏，重达 10 多千克，收缩十分有力，因此一次收缩能够泵出大量的血液。当长颈鹿抬起头吃树叶时，头部的血管会把几乎所有的血液都输送到大脑，暂时停止对头部其他器官的供血，如脸颊、舌头或头皮，以最大限度给大脑供血。当长颈鹿的头贴近地面时，其颈静脉上的肌肉施压使静脉更有效地把头部的血液输送回心脏。

长颈鹿是目前世界上最高的动物，其大脑和心脏的距离约 3 米，完全是靠高达 160 ~ 260 毫米汞柱的血压把血液送到大脑的。按分析，当长颈鹿低头饮水时，大脑的位置低于心脏，大量的血液会涌上大脑，使血压更加增高。但是，世界上没有一只长颈鹿会在饮水时因脑充血或血管破裂而死亡。原来，是裹在长颈鹿身上的一层厚皮紧紧箍住了血管，限制了血压。

基本小知识

血　压

血压指血管内的血液对于单位面积血管壁的侧压力，即压强。由于血管分动脉、毛细血管和静脉，所以，也就有动脉血压、毛细血管压和静脉血压。通常所说的血压是指动脉血压。当血管扩张时，血压下降；血管收缩时，血压升高。

飞机设计师和航空生物学家依照这一原理，设计出一种新颖的“抗荷服”，从而解决了超高速歼击机驾驶员在突然加速爬升时因脑部缺血而引起的痛苦。这种“抗荷服”内有一装置，当飞机加速时可压缩空气，还能对血管产生相应的压力。

动物中的“神童”

研究发现，黑猩猩在生理、高级神经活动、亲缘关系上与人类最为接近，因此是医学和心理学研究，以及人类的宇宙飞行最理想的试验动物。研究表明，一些黑猩猩经过训练不但可掌握某些技术、手语，而且还能动用电脑键盘学习词汇，其能力甚至超过两岁儿童。

然而，研究人员无法训练它们用人类的语言大声讲话，这是为什么呢？1996 年 1 月 19 日，美国科学家发现，黑猩猩被抓痒时也会笑，在笑的同时还呼吸，听上去就像链锯开动的声音，而人类在讲话或笑时呼吸是暂时停止的，这是因为人能够很好地控制与发声有关的各部分隔膜和肌肉。科学家认为，能否讲话的关键在于神经系统对气流的控制，人类能讲话就是突破了这方面的限制，而黑猩猩却无此能力，这就揭开了黑猩猩不能讲话之谜。

有个惊人的事实，黑猩猩为了自己的领地和战利品，也会发动“战争”。黑猩猩可以向其他灵长目动物，如疣猴、狒狒等发动进攻。他们甚至向同类不同群的黑猩猩发起战争，从而得到领地和食物，类似于人类的战争。

知识小链接

狒狒简介

狒狒，猴科的一属，是世界上体型仅次于山魈的猴，共分为五种，都分布于非洲地区。过去的分类法把狮尾狒也归入狒狒属，现在已单独列为一属。雄性凶猛，敢于和狮子对峙。属于杂食类，但也能捕食小型哺乳动物。

荷兰与英国研究人员最新发现，黑猩猩幼崽智力发育水平不比同龄人类幼儿低，甚至可能超过同龄幼儿。英国《星期日泰晤士报》曾报道，来自英国朴次茅斯大学和荷兰莱顿大学的研究人员分析了美国埃默里大学保存的黑猩猩研究资料，包括对黑猩猩好奇心和认知能力的观察结果。实验中的黑猩猩幼崽遭母亲弃养，由人类抚育。它们被分为两组，一组每天定时接受 4—5 小时饲养员“母亲般的呵护”，另一组得到更长时间的照顾。

研究人员发现，黑猩猩幼崽 9 个月大时，与同龄人类幼儿一样，具有同样的好奇心、能识别照顾自己的“亲人”和时常接触的物体。研究报告称：“这些经过抚育的黑猩猩在和喜爱的护理人员分开后，表现出忧虑（如尖叫和哭泣)。护理人员在身边时，会玩耍自己的玩具。”研究人员认为，这一结果说明，黑猩猩幼年时期的智力发育情况与人类极其相似。

科学家此前已发现，黑猩猩和人类基因相似度达到96%以上，成年黑猩猩智力水平约与3岁幼儿相当。此外，研究人员还发现，两个实验组中黑猩猩幼崽的表现也不尽相同。相比之下，受到更长时间呵护的黑猩猩幼崽认知能力强于另一组。另一方面，这组黑猩猩幼崽的认知能力甚至能超过一些生长在孤儿院的同龄人类幼儿。这一研究结果说明，社会互动让黑猩猩更好地成长。它们与抚养者关系越亲密、交流越多，大脑发育也越快。这也让研究人员相信，灵长类幼时发育情况与人类足够类似，可以被用于研究人类不同的育儿方法。

据英国广播公司报道，日本京都大学的研究人员在一项涉及数字的记忆测试中，将三只母黑猩猩和它们年幼的儿女分成三组，与大学生比赛记忆力。

基本小知识

神经系统

神经系统是人体内起主导作用的功能调节系统。人体的结构与功能均极为复杂，体内各器官、系统的功能和各种生理过程都不是各自孤立地进行，而是在神经系统的直接或间接调节控制下，互相联系、相互影响、密切配合，使人体成为一个完整统一的有机体，实现和维持正常的生命活动。

研究人员要求黑猩猩和大学生们记忆屏幕上的数字和它们的排列次序。研究结果显示，年幼的黑猩猩的记忆力比它们的母亲和大学生优胜。因此研究人员认为，黑猩猩拥有照片式记忆；而人类随着年龄增加，越来越依赖语言文字来做记忆的工具，导致记忆力衰退。

美国的动物专家帕尔博士说，年幼的黑猩猩拥有更佳的照片式记忆，这项研究告诉人们，早期人类的短期记忆力可能比现代人更好，原因可能是现代人越来越依赖语言文字做记忆的工具。

猩猩为什么不说话

德国的人类基因学家不久前发现了一个被称为“FOXP 2”的基因，这是有史以来发现的第一个与人类的语言功能有直接关系的基因。研究发现，正由于这种基因的微小差别，导致了人类能开口讲话，而大猩猩等灵长类动物却不会说话。

猩 猩

从 1999 年以来，一个被称为“KE”的英国家族一直是科学家们关注的焦点。在“KE”家族中有一半人深受语言障碍的困扰。通过研究，科学家们发现患病成员的 FOXP 2 基因都呈现异常。专家们认为，正是 FOXP 2 基因缺陷导致他们嘴唇、舌和嘴部肌肉功能障碍，并导致其语言理解能力低下。研究还发现，和其他许多基因一样，FOXP 2 基因的功能是多方面的。实验表明，它对小白鼠的肺、脑功能的发展同样具有决定性的作用。

你知道吗

什么是基因

基因是遗传的物质基础，是 DNA（脱氧核糖核酸）分子上具有遗传信息的特定核苷酸序列的总称，是具有遗传效应的 DNA 分子片段。基因通过复制把遗传信息传递给下一代，使后代出现与亲代相似的性状。

埃纳尔认为，FOXP 2 基因很可能是在 12 万～20 万年前发生改变的，而这一时期正是“现代人”在身体结构上大发展的时期。这就意味着，“现代人”日益提高的语言能力对他们的生息繁衍具有很大帮助。埃纳尔还说，大猩猩等灵长类动物也有自己的声音和身体语言，但是，由于 FOXP 2 基因的不同，这些高等动物永远也不能开口“说话”。

“沙漠之舟”骆驼

骆驼和其他动物不一样，特别耐饥耐渴。它是沙漠里重要的交通工具，人们把它看作渡过沙漠之海的航船，有“沙漠之舟”的美誉。骆驼有两种，有一个驼峰的单峰骆驼和两个驼峰的双峰骆驼。单峰骆驼比较高大，在沙漠中能走能跑，可以运货，也能驮人。双峰骆驼四肢粗短，更适合在沙砾和雪地上行走。

单峰驼

骆驼的耳朵里有毛，能阻挡风沙进入；且有双重眼睑和浓密的长睫毛，可防止风沙进入眼睛；其鼻翼还能自由关闭。这些“装备”使骆驼一点也不怕风沙。沙地软软的，人脚踩上去很容易陷入，而骆驼的脚掌扁平，脚下有又厚又软的肉垫子，这样的脚掌使骆驼在沙地上行走自如，不会陷入沙中。骆驼的皮毛很厚实，冬天沙漠地带非常寒冷，骆驼的皮毛对保持体温极为有利。骆驼熟悉沙漠里的气候，有大风吹袭时，它就会跪下，旅行的人可以预先做好准备。骆驼走得很慢，但可以驮很多东西。

基本小知识

眼 睑

眼睑俗称眼皮，位于眼球前方，构成保护眼球的屏障。眼睑分上睑和下睑，上、下睑之间的裂隙称睑裂。睑裂的内、外侧端分别称内眦和外眦。内眦呈钝圆形，附近有一微陷的空间，叫作泪湖，泪湖底上有蔷薇色的隆起称泪阜。

传统上骆驼被用作重要的驮畜。虽然双峰驼行进速度仅为每小时 3 ~ 5 千米，但能长时间地背负重物，每日可行 50 千米。单峰驼腿更长些，人骑坐时能保持每小时 13 ~ 16 千米的速度达 18 个小时。骆驼能以稀少的植被中最粗糙的部分为生，能吃其他动物不吃的多刺植物、灌木枝叶和干草，但如果有更好的食物，它们也乐意取食。食物丰富时，骆驼将脂肪储存在驼峰里，条件恶劣时，即利用这种储备。驼峰内的脂肪不仅用作营养来源，脂肪氧化又可产生水分。因此骆驼能不食不饮数日。据记载，有骆驼曾 17 天不饮水仍存活下来。骆驼体内水分丢失缓慢，脱水量达体重的 25% 仍无不利影响。骆驼能一口气喝下 100 升水，并在数分钟内恢复丢失的体重。冬季，骆驼生长出蓬松的粗毛；到春天粗毛脱落，身体几乎裸露，直到新毛开始生长。雌骆驼每产一仔，哺乳期为 1 年。骆驼的寿命为 30—40 年。

人类对骆驼的峰进行解剖，经解剖证实，驼峰中贮存的是沉积脂肪，不是一个水袋。而脂肪被氧化后产生的代谢水可供骆驼生命活动的需要。因此有人认为，驼峰实际存贮的是“固态水”。经测定，1 克脂肪氧化后产生 1. 1 克的代谢水，一个 45 千克的驼峰就相当于 50 千克的代谢水。但事实上脂肪的代谢不能缺少氧气的参与，而在摄入氧气的呼吸过程中，从肺部失水与脂肪代谢水不相上下。这一事实说明，骆峰根本就起不到固态水贮存器的作用，而只是一个巨大的能量贮存库，它为骆驼在沙漠中长途跋涉提供了能量消耗的物质保障。

骆驼的瘤胃被肌肉块分割成若干个盲囊，即所谓的“水囊”。有人认为骆驼一次性饮水后胃中贮存了许多水才不会感到口渴。而实际上那些水囊只能保存 5 ~6 升水，而且其中混杂着发酵饲料，呈一种黏稠的绿色汁液。这些绿汁中含盐分的浓度和血液大致相同，骆驼很难利用其胃里的水。而且水囊并不能有效地与瘤胃中的其他部分分开，也因为太小不能构成确有实效的贮水器。从解剖观察，除了驼峰和胃以外，再没有可供贮水的专门器官。因此可断定，骆驼没有贮水器。

知识小链接

瘤胃简介

瘤胃是反刍动物的第一胃。食草动物反刍时，食物从此处返回口中。瘤胃位于腹腔左侧，几乎占据整个左侧腹腔，在它前侧部是瘤胃前庭，经贲门与食道相通。

有趣的是，骆驼也有混血儿。双峰驼有两个驼峰，能适应寒冷的气候，而单峰驼只有一个驼峰，更适于沙漠生活。两者的混血体型比两种骆驼都大，有一个驼峰，善于驮物。雌性混血驼可以与雄性双峰驼交配并产子。在哈萨克斯坦可以见到这样的混血骆驼。

骆驼是荒漠、半荒漠地区，尤其是沙漠地区的主要的骑乘工具，曾被广泛用于沙漠考察等工作。骆驼虽不善于奔跑，但其腿长，步幅大而轻快，持久力强，加之其蹄部的特殊结构，因此适合作为沙漠中重要的交通工具。在短距离骑乘时，双峰驼的速度可达每小时 10～15 千米，长距离骑乘时，每天可行走 30～35 千米。

骆驼在气候恶劣、水草供应不足的情况下，仍可坚持运输。一般说来，双峰驼的驮重约为体重的 33.8%～43.1%，即 100～200 千克，短途运输时，可驮重 250～300 千克，行程每天可达 30～35 千米。驮用单峰驼一般比骑乘用驼体格粗重，速度约为每小时 2～3 千米，负重为165～220 千克。

你知道吗

双峰驼和单峰驼各产于哪里

双峰驼原产在亚洲中部土耳其、中国和蒙古。至少在公元前 800 多年就被人驯化了。但现在野外仍有野骆驼（野双峰驼）。单峰驼是一种大型的偶蹄目动物，产于非洲北部、亚洲西部，亦有部分是来自非洲之角、苏丹、埃塞俄比亚和索马里。

野猪与“防毒面具”

野猪是一种普通的，但又使人捉摸不透的动物，白天通常不出来走动。野猪的鼻子十分坚韧有力，可以用来挖掘洞穴或推动 40～50 千克的重物，或当作武器。野猪的嗅觉特别灵敏，它们可以用鼻子分辨食物的成熟程度，甚至可以搜寻出埋在 2 米深积雪之下的一颗核桃。雄兽还能凭嗅觉来确定雌兽所在的位置。

野 猪

在第一次世界大战期间，德军在比利时的伊普雷战役中使用了用氯气制造的毒气弹。

一阵黄绿色的云雾飘过后，英法联军人人感到胸闷气短，40 分钟后约有 5 万人中毒，5000 多人死亡。毒气不仅能杀伤人，就是飞禽走兽也难以幸免。但是人们在清理战场时，却发现了一个奇特的现象侵袭在毒气飘过的地方，野猪却安然无恙。

野猪为什么能躲过毒气的侵袭呢？这一现象引起了科学家们的注意。经过反复观察、试验，科学家们发现并不是野猪对毒气有先天抵抗力，而是野猪用鼻子拱地的天性起了作用。原来野猪闻到刺鼻的毒气气味时，它们就本能地用那突出的大嘴巴拼命拱地，等到把土拱松后就把鼻子插进泥土里，松软的土壤颗粒吸附并过滤了毒气，因而野猪避免了灾难。

科学家们从中受到了启发，于 1941 年研制出了像野猪鼻子模样的防毒面具，里面装的是比土壤颗粒更能吸附有毒物质并能让空气畅通的活性炭。就这样，第一代防毒面具便在战场上问世了。

知识小链接

活性炭简介

活性炭又称活性炭黑。是黑色粉末状或颗粒状的无定形碳。活性炭主成分除了碳以外还有氧、氢等元素。活性炭在结构上由于微晶碳是不规则排列，在交叉连接之间有细孔，在活化时会产生碳组织缺陷，因此它是一种多孔碳，堆积密度低，比表面积大。

猪真的很愚蠢吗

猪

在许多地方，猪一向被人们认为是呆头呆脑，吃饱了就睡的愚蠢的动物。其实，这是一种误解。在很多情况下，猪比人们一向认为很聪明的狗更聪明。在音乐的伴奏下，猪还能做演员表演舞蹈，还会表演花色打滚、玩跷跷板、过桥等节目，是出色的动物杂技演员。

人们还发现，猪的感情很丰富。它会用不同的吼叫声、咆哮声、呼啸声和扇耳舞尾等动作，表达自己的感情。

猪的嗅觉很灵敏，因此有人用它来寻找丢失的东西，它甚至还能在战场上嗅出地雷。

在德国萨克森州，警察局还专门训练了一头猪，使它成为“警猪”。它不但能找到犯罪分子深埋在粪堆中的毒品和枪支，而且还能用鼻子把它们拱出来。由此可见，猪其实是很聪明的动物，只是人们还不够了解它罢了。

基本小知识

菌　类

菌类是个庞大的家族，它无处不在。现在，已知的菌类有 10 多万种。菌类植物结构简单，没有根、茎、叶等器官，一般不具有叶绿素等色素。

在法国的一些地区的地皮下，生长着一种价格非常昂贵的食用菌类植物——黑块菌。当地的农民把猪当作收获黑块菌的有力助手。猪在 6 米远的地方，就能嗅到长在 25～30 厘米深的地底下的黑块菌。狗虽然也可以担当这一工作，但训练狗要比训练猪困难得多，而且还得天天让狗去搜寻，如果间隔几天，它就会忘记。而猪在这方面要比狗能干得多，即使每星期只搜寻一次，它也不会忘记学会的本领。

猪也能像狗一样担任警卫工作。在美国有的农民用猪来保卫庄园的土地，还咬伤过误入庄园的陌生人。还有一位农民为了防止牛在池塘边饮水时被蛇咬伤，养了两头猪代替人看守池塘，取得了很好的效果。猪不仅能防蛇，而且还喜欢吃蛇。科学家已用实验证明，养猪防蛇是符合科学道理的，因为猪有厚厚的脂肪，能中和蛇毒从而防止蛇毒进入血管。

此外，猪还是运动场上的选手呢！前几年，在美国召开的全国农场展览会上，举行过一场别开生面的猪赛跑比赛。裁判员一声令下，那些戴着标号的猪就你追我赶地跑了起来，快到终点时，它们还会做最后冲刺呢！

看来，猪并不笨，人们应当为它“洗冤”。

广角镜

脂肪与人体

脂肪，俗称油脂，由碳、氢和氧元素组成。它既是人体组织的重要构成部分，又是提供热量的主要物质之一。食物中的脂肪在肠胃中消化，吸收后大部分又再度转变为脂肪。它主要分布在人体皮下组织、大网膜、肠系膜和肾脏周围等处。体内脂肪的含量常随营养状况、能量消耗等因素而变动。

世界上最慢、最懒的动物

树懒是唯一身上长有植物的野生动物，它虽然有脚但是却不能走路，靠的是前肢拖动身体前行，所以它移动 2 千米的距离，需要用时 1 个月。对于树懒来说最好的食物是低热量的树叶，吃上一点要用好几个小时来消化。

树　懒

树懒生活在南美洲茂密的热带森林中，一生不见阳光，从不下树，以树叶、嫩芽和果实为食，吃饱了就倒吊在树枝上睡懒觉，可以说是以树为家。

树懒是一种懒得出奇的哺乳动物，什么事都懒得做，甚至懒得去吃，懒得去玩耍，能耐饥一个月以上，非得活动不可时，动作也是懒洋洋的极其迟缓。就连被人追赶、捕捉时，也好像若无其事似的，慢吞吞地爬行。像这样，面临危险的时刻，其逃跑的速度还超不过每秒 0.2 米。这应该也是其名字的由来吧！

树懒既懒又慢，难道它就没有天敌吗？它又是怎样防御天敌的呢？树懒防御天敌，也同样有自己的懒办法。

首先，树懒的皮毛很密，一般能够防御中小食肉动物的抓咬。其次，树懒的保护色很好，又在树上活动，天敌相对较少，且不易被发现。再者，一般色彩显著、缺少御敌手段的动物味道都会很差。捕食者不会耗费自己的能量去吃难吃的猎物的，而树懒正是这其中的一种。树懒的肉不好吃，这一点看着可笑，实则也是进化带来的利于生存的好处。还有，就是树懒的爪子劲头很大，可以用来有效地御敌。

基本小知识

天 敌

自然界中某种生物专门捕食或危害另一种生物，从生物群落中的种间关系分析可以是捕食关系或是寄生关系，如猫是鼠的天敌，寄生蜂是某些作物害虫的天敌，噬菌体是某些病毒的天敌。

猫为什么在黑夜里还能捉到老鼠

猫

猫的听觉、视觉、味觉、触觉在哺乳类动物中是极敏锐的。虽然在白天的视觉不比人类好，但猫有相当出色的夜视能力。在亮处，猫会将瞳孔缩得如线般狭小，以减少对视网膜的伤害，但会限制视野的广阔性。猫的网膜背面有一层蓝绿色像荧光一般的薄膜可增加它在暗处的视力，在闪光中，猫眼能呈现各式各样颜色。如同多数食肉动物，它们眼睛都在脸上朝正前方，赋予其辽阔的视野。

还有，在猫科动物的眼睛后部，有着一个类似于镜子一样的膜。这层膜使猫科动物在几乎完全黑暗的情况下，仍能识别并追捕猎物。在生物学上，这层膜被称为“脉络膜层”。当光线穿过猫科动物的视网膜后，“脉络膜层”可以将光折射，使得它们能

你知道吗

什么是三原色

由于人类肉眼有三种不同颜色的感光体，因此所见的色彩空间通常可以由三种基本色所表达，这三种颜色被称为“三原色”。一般来说叠加型的三原色是红色、绿色、蓝色，而消减型的三原色是品红色、黄色、青色。

够辨别出物体。但猫对三原色的辨识力很差。

此外，猫在只有微弱光线的状况下，它们会使用胡须来改善行动力与感知能力。胡须主要分布于鼻子两侧、下巴、双眼上方，两颊也有数根。胡须可感受到非常微弱的空气波动，所以在看不太清的情况下也能辨识阻碍在哪。胡须两端之间的连成，正好是身体能通过障碍的最小范围，因此可以在黑夜中快速判断地形是否可以通过。

狐狸的趣闻

狐狸有一种奇怪的行为：一只狐狸跳进鸡舍，把小鸡全部咬死，最后仅叼走一只。狐狸还常常在暴风雨之夜，闯入黑头鸥的栖息地，把数十只鸟全部杀死，竟一只不吃，一只不带，空“手”而归。这种行为叫作“杀过”。

狐 狸

狐狸平时单独生活，生殖时才结小群。每年 2—5 月产仔，一般每胎 3～6 只。它的警惕性很高，如果谁发现了它窝里的小狐，它会在当天晚上“搬家”，以防不测。

白狐冬白夏青。狐狸的眼睛有特殊晶点，能聚集微弱光线，集合反射，所以会闪闪发光。狐狸的巢穴通常是强行从兔子等弱小的动物那里抢来的，有许多入口，越里面越迂回曲

趣味点击　狐狸的象征

狐狸象征着虚伪、奸诈和狡猾，也象征着美丽妖娆的坏女人。在日本人心目中，（狐狸）狸猫是一种神秘的动物，它们会使用一种类似障眼法的幻术，身体可以变成任意形状，或者把树叶变成钱什么的用来欺骗人类。

折。一般情况，它们不怕猎犬，速度快，小巧灵活，一只猎犬的话根本逮不着它。冬季河面结薄冰，它们甚至知道设计诱猎犬落水。

看到有猎人做陷阱的话，会悄悄跟在猎人屁股后面，看到对方设好陷阱离开后，就到陷阱旁边留下可以被同伴知晓的恶臭作为警示。碰上刺猬，狐狸会把蜷缩成一团的刺猬拖到水里。看到河里有鸭子，会故意抛些草入水，当鸭子习以为常后，就偷偷衔着大把枯草做掩护，潜下水伺机捕食。

狐狸睡眠前为什么跳舞

动物睡眠之前，一般有些准备活动。经过一系列的准备活动之后，动物才能进入睡眠状态。狐狸的睡前准备活动是跳舞，狐狸找好睡眠的地方之后，就开始跳舞了，先跳一会儿“踢踏舞”，用爪子挠扒地面，把地面踏平，再跳一会儿狐步舞，通过舞步把地面踩结实，最后再跳一会儿“华尔兹”。狐狸舞姿优美，身体弯成弓形，胡须能碰到尾巴。等到跳累了，狐狸就坐卧下来，头扭向臂部，尾巴盖在脸上，整个身体弯曲成圆形，然后就进入梦乡了。

基本小知识

华尔兹

华尔兹是舞厅舞中最早的、也是生命力非常强的自娱舞形式，亦称圆舞。“华尔兹”一词最初来自古德文，意思是“滚动”、“旋转”或“滑动”。

南极狼灭绝之谜

在19世纪以前，阿根廷最南端的圣克鲁斯省西面的马尔维纳斯群岛上生活着一种狼，由于马尔维纳斯群岛非常接近南极圈，因此动物学家将此种狼取名为南极狼。南极狼可以说是世界上生活在最南端的狼。

马尔维纳斯群岛海岸曲折，潮湿多雾，岛上草原广阔，水草丰美。到了18世纪末，这里的畜牧业已经相当发达，岛上大部分居民从事畜牧业。这里广阔的草原和种类繁多的食草动物以及啮齿动物也给南极狼提供了良好的生活空间及食物来源。

南极狼

本来狼在人们心目中就是臭名昭著，加上南极狼有偷食羊和家畜的习性，这样就增加了当地牧人对南极狼的厌恶。为了使自己的利益不受损害，牧人们纷纷联合起来，开始捕杀南极狼。

1833年，英国政府对马尔维纳斯群岛的占领更加速了南极狼的灭亡。英国人的侵入并没有使当地牧人停止对南极狼的捕杀，而是和同样对狼恨之入骨的侵略者一起组成了强大的灭狼队伍。他们用英国人带来的枪支对付南极狼。随着枪声的不断响起，所剩不多的南极狼也一条条地倒在血泊之中。到了1875年，南极狼已经被当地的牧人和英国人彻底消灭了。

可时隔不久，失去天敌的食草动物和啮齿类动物给当地带来了更大的灾难。这些动物在没有天敌的情况下，迅速繁殖，数量日益增多。它们大量啃食、破坏草场，原来丰美的草场不见了，取而代之的是大片大片的沙化土地，失去草场的牧人不得不另寻出路。

知识小链接

啮齿目

啮齿目是哺乳动物中的一目，其特征为上颌和下颌各两颗会持续生长的门牙，啮齿目动物必须通过啃咬来不断磨短这两对门牙。哺乳动物中40%的物种都属于啮齿目，而且在除了南极洲的其他所有大陆上都可以找到其大量的踪迹。

狼的眼睛在夜间为什么闪闪发光

狼是一种夜行动物，它主要以肉食为主，专门猎取兔子、野鸡、鹿类、鼠类、家禽、家畜等，也吃腐肉和尸体，偶尔还吃一些植物性食物，但有时竟然会残杀同类。成群的狼有时还会伤害人。所以，狼被认为是一种害兽，捕狼还可以得到皮毛。不过，因为人类对狼进行捕杀，狼的数量在急剧减少。动物保护人士提出应适当加以保护。

狼在夜间寻找猎物时，一旦发现目标，就全神贯注，两眼闪出贪婪凶狠的光芒，远处看去，犹如两盏闪亮的小灯笼。其实，狼眼睛里的光并不是它自己放射出来的。在狼眼睛的底部有很多的特殊的晶点，这些晶点有很强的反射光线的能力。狼在夜间出来活动的时候，眼睛里的晶点可以把它周围非常微弱的、分散的光线收拢，聚合成一束，然后集中把它反射出去，看起来好像是狼的眼睛能放出光来。因为狼的眼睛夜视能力强，在昏暗的环境下也能发现猎物，因而能以最轻最快的速度猛然地袭击目标。

拓展阅读

狼的祖先：麦芽西兽

在距今大约5000万年的新生代始新世，现代食肉动物的共同祖先开始出现，以麦芽西兽的出现为标志，食肉类动物正式走上了进化之路。麦芽西兽是现代猫科、犬科、熊科、鼬科等动物的共同祖先，它具五指、较长的身体和较短的四肢，总体来说麦芽西兽类似于现在的鼬科动物，它能够爬树，捕食一些鸟类、小型啮齿类动物。

具有这种眼睛的动物多为夜行动物，包括狼、猫、老虎、豹子、猫头鹰等等。

非洲羚羊的“晚生”本领

在自然界中，各种动物之间的生存竞争是非常激烈的。一些动物为了更好地生存和延续种族，竟然能够采用“计划生育”和“优生优育”的办法来适应环境，简直令人不可思议。

真正令人称奇的是非洲羚羊。它们的生育期一般是春末夏初，这主要是为了给幼崽提供充足的食物来源。群体中个别母羚羊会因为提前交配而过早怀孕，假如这些母羚羊在孕育胎儿时还“按部就班”的话，就会使幼崽在寒冬时分娩，这对小羚羊的成长是极为不利的。为避免这种现象的发生，母羚羊竟然进行自我调节，“强行”把即将分娩的胎儿留在腹内，从而推迟分娩时间。对羚羊这种奇特的“晚生”本领，我们只能说是羚羊对非洲恶劣环境的一种适应了。

羚　羊

马为什么站着睡觉

马站着睡觉继承了野马的生活习性。野马生活在一望无际的沙漠草原地区，在远古时期既是人类的狩猎对象，又是豺、狼等肉食动物的美味佳肴。面对敌害时，它不像牛羊可以用角与敌害作斗争，而只能靠奔跑来逃避灾难。而豺、狼等食肉动物都是夜行的，它们白天在隐蔽的灌木草丛或土岩洞穴中休息，夜间出来捕食。野马为了迅速而及时地逃避敌害，在夜间不敢高枕无忧地卧地而睡。即使在白天，它也只好站着打盹，保持高度警惕，以防不测。

马

家马虽然不像野马那样会遇到天敌和人为的伤害，但它们是由野马驯化而来的，因此野马站着睡觉的习性，至今仍被保留了下来。生活在复杂的自然环境中的动物，都有特定的睡觉姿势，是它们在激烈的自然界生存竞争中形成的睡眠习惯。

马在一次奔波以后，站在树荫下休息的时候，低头闭眼就可以打一次“瞌睡”。如果马预先知道没有什么危险，那么它就把头搭在其他马的背上睡觉。和母马在一起的小马驹以及群体生活的马，就是用这个姿势安心入睡的。

拓展阅读

当前野马的分布

野马很稀少，已经列入世界禁猎动物之中。一百多年前，欧亚大陆和北美洲曾经广泛分布着多种野马，可是没多久，在人类恣意捕杀下都先后灭绝。蒙古野马的分布范围本来就很狭窄，只有在新疆天山附近、内蒙古巴彦淖尔盟北部和蒙古的西南部，才能见到。

斑马的御敌术

在20世纪50年代初期，英国人在街道上设计出一种横格状的人行横道线，行人在穿过街道时，只能走此线。由于这些横线很像斑马身上的斑纹，因此得名“斑马线”。

的确，只要一提到斑马，人们的脑海里就会自然浮现那个穿着黑白相间的漂亮“迷彩服”的身影。

斑马外形与一般的马没什么太大的区别，只是斑马的耳朵比马的耳朵大些，耳廓的毛长在里面，身上长满黑白相间的条纹而已。它们身上的条纹是为适应生存环境而演化出来的保护色。

斑马有自己独特的御敌本领，这主要靠身上漂亮而雅致的条纹。这种条纹是同类之间相互识别的重要标记，也是适应环境的保护色。在辽阔的草原和沙漠地带，这种黑褐色与白色相间的条纹，在阳光或月光的照射下，反射光线各不相同，起着模糊或分散其体形轮廓的作用，放眼望去，很难与周围环境分辨开来。这种不易暴露目标的保护作用，对动物本身是十分有利的。近年来研究发现，斑马身上的条纹可以分散和削弱草原上舌蝇的注意力，是防止它们叮咬的一种手段。这种昆虫是传播睡眠病的媒介，它们经常咬马、羚羊和其他单色动物，却很少威胁斑马的生活。

历史上也曾出现过一些条纹不明显的斑马，由于目标明显，易暴露在天敌面前而遭到捕杀，最后灭绝，在漫长的生物演化过程中逐渐被淘汰了。只有那些条纹分明、十分显眼的种类才生存到现在。人类从这种现象中得到了启示，将条纹保护色的原理应用到海上作战方面，在军舰上涂上类似于斑马条纹的色彩，以此来模糊对方的视线，达到隐蔽自己、迷惑敌人的目的。

斑马还有个高超的本领，那就是寻找水时用蹄子刨土，能挖出一米多深的水井。

斑马的“集体主义”精神很强，常常是几十头、上百头乃至几百头合成群在一起生活。它们性格温和，有时也和羚羊、角马、长颈鹿等其他动物群生活在一起，共同防御敌人。它们的嗅觉、听觉都很灵敏，但视觉并不太好，往往借助和自己共同生活的长颈鹿这个称职的“瞭望哨”来及时报警，才能及早逃离危险。斑马之间能和平相处，如果遇到危险就团结一致，集体作战，在老斑马的带领下围成一圈，屁股朝外，把小斑马围在圈里，用后腿猛踢敌人。

斑马生活在非洲东部、中部和南部，有山斑马、普通斑马、细纹斑马三种。山斑马，除腹部外，全身密布较宽的黑条纹，雄体喉部有垂肉，是体型最小的一种斑马，有一对像驴似的大长耳朵，身上条纹细密，臀部条纹很宽；普通斑马，由腿至蹄部有条纹或腿部无条纹；细斑纹马是最漂亮的一种斑马，体型大，身上条纹窄密而臀部脊柱条纹很宽。斑马经常喝水，很少到远离水源的地方去。它们即使在食物短缺时，从外表看仍是肥壮且皮毛有光泽。

食蚁兽的奥秘

食蚁兽属于哺乳动物，主要栖息于中美和南美，南至阿根廷热带森林中。它们食蚁兽结构上的特征，是与其捕食昆虫的一系列活动相联系的。它们头骨长而大致呈圆筒状，颧骨完全，长的鼻吻部有复杂的鼻甲，齿骨细长，无齿，蠕虫状的长舌能灵活伸缩，舌富有由唾液腺分泌的唾液和腮腺分泌物的混合黏液，用于粘取众多的蚁类，这些发达的腺体位于颈部。前肢有力，第三趾粗大，长着强而弯曲的爪，其余各趾缩小。

地栖的大食蚁兽用指关节及弯曲的趾行走，而小食蚁兽，即二趾食蚁兽和环颈食蚁兽完全或部分过着树栖生活，步行时，前肢靠带弯爪的内向趾背着地。食蚁兽体型大小相差悬殊，小食蚁兽大似松鼠，体重不过 350 克，而大食蚁兽重达 25 千克。大食蚁兽全身有长而粗的毛，毛色棕褐色，尾部肥大，多下垂的长毛，而其他树栖种类身上和尾部的毛均较短，且尾有抓绕能力。短鼻食蚁兽是树栖食蚁兽，有长长的爪子和能绕在树枝上的尾巴。

食蚁兽用有力的前肢撕开蚂蚁的巢，用长舌捕食，囫囵吞下，靠胃部变厚的幽门磨研。所有食蚁兽在地面活动时都显得缓慢而笨拙。树栖的两个属，前掌趾爪用作抓挂，以双肢交替前进的方式沿着树干运动。小食蚁兽完全树栖，并在高树觅食；环颈食蚁兽，体重3~5千克，以树栖为主，也常在地面活动，它们都是夜行性动物。而大食蚁兽则完全是地栖者，且属于昼行性动物，当遇到危险时，以后肢站立，用尾或背作为支柱，形成稳定的三脚架姿态，用掌爪与对手厮打。虽然头部毫无防御装备，但强有力的前肢和非常锐利的巨爪是富有威力的“武器”。

食蚁兽

大食蚁兽一天睡14—15个小时，醒来后，就在蚁穴之间慢吞吞地走来走去寻找食物。它们有灵巧的器官，十分适合捕食那些小型的猎物。食蚁兽的前足上有4~10厘米的尖而有力的爪子。食蚁兽用它来打开蚁穴而不是破坏蚁穴，然后再将它们的长鼻子伸进蚁穴，用舌头舔食蚂蚁。

一头食蚁兽的舌头能惊人地伸到60厘米长，并能以1分钟150次的频率伸缩。舌头上遍布小刺并有大量的黏液，蚂蚁被粘住后将无法逃脱。一头食蚁兽在一个蚁穴中只吃140只左右的蚂蚁，吃完后就离开再另换一个蚁穴。靠这种吃法，它可以保证自己领地内蚁穴中的蚂蚁存活下去，以便它改天再来美餐。

所有的食蚁兽都有极好的嗅觉，靠鼻子嗅出蚁穴，再用利爪把蚁穴弄开，它们总是十分小心，使蚁穴不至于被完全破坏。食蚁兽用指关节行走，以保护它的长爪子。这使它们走起路来像个跛子。

知识小链接

袋食蚁兽简介

袋食蚁兽是一种小型有袋动物，体型小而吻长，牙齿多达52枚，超过任何陆生哺乳动物的齿数，齿细，排成长列，长而能伸的舌（长约10厘米），用以捕捉白蚁。体上有宽的带纹，四肢和爪极有力，某些形态和习性与食蚁兽相似。正因为如此，它们也被称为有袋的食蚁动物。

动物中的“短跑之王”

猎豹，是食肉目猫科的猎豹属的单型种。四肢细长，趾爪较直，除以高速追击的方式进行捕食外，也采取伏击方法，隐匿在草丛或灌木丛中，待猎物接近时突然窜出猎取。母豹一胎产 2 ~ 5 仔。猎豹寿命约 15 年。

猎豹虽凶猛好斗，但易于驯养，古代曾用它助猎。猎豹曾有较广泛的分布区，从非洲大陆到亚洲南部各国都有栖息，由于人类长期的滥猎，目前印度、中亚各国等地的猎豹已灭绝，在非洲西南部各地也很稀少。

猎　豹

猎豹是动物界当之无愧的短跑之王。据测，成年猎豹加速度惊人，从起跑到最大速度仅需 4 秒，达到每小时 120 千米的速度。不过这并不能保证它们在捕猎当中万无一失，虽然它们拥有无以伦比的速度，但却缺乏足够的耐力，如果猎豹不能在短距离内捕捉到猎物，它就只好放弃，等待下一次出击。

猎豹的长相和其他多数的猫科动物远亲不怎么相像。它们的

广角镜

猫科动物的体型特征

四肢较短，粗壮而沉重。尾长、末端钝圆。趾行性，足下有数个球形肉垫，均等的承负着体重，形成猫类轻快的步态。前足 5 趾，后足 4 趾，前足第一趾短而高，绝不触及地面。趾端具爪，爪粗大，强而弯，极锐利。爪大多属伸缩性，行走时可提起而不触及地表。只有在快速奔跑或捕猎时才伸出来。

头比较小，鼻子两边各有一条明显的黑色条纹从眼角处一直延伸到嘴边，如同两条泪痕，这也是它们区别于其他猫科们的最显著特征之一。猎豹的身材修长，体形精瘦，身长约 140 ~ 220 厘米，高度约 75 ~ 85 厘米。它们的四肢也很长，还有一条长尾巴。猎豹的毛发呈浅金色，上面点缀着黑色的圆形斑点，背上还长有一条像鬃毛一样的毛发（有些种类的猎豹背上的深色“鬃毛”相当明显，而身上的斑点比较大，像一条条短的条纹，这种猎豹被称之为“王猎豹”。王猎豹曾被认为是一个独立亚种，但后来经研究发现，它们独特而美丽的花纹只是基因突变的产物）。猎豹的爪子有些类似狗爪，因为它们不能像其他猫科动物一样把爪子完全收回肉垫里，而是只能收回一半。

猎豹之间由于基因相近，人们为猎豹的亚种进行分类也成了件难事。对猎豹血液中的蛋白质分析显示，不同猎豹之间的差异是非常细微的，因此对猎豹亚种的划分一直以来存在着争议。

猎豹的猎物主要是瞪羚和小角马等中小型有蹄类。猎豹的体型为了适应高速的追逐而变得修长，爪子也无法像其他猫科动物那样随意伸缩，因此无法和其他大型猎食动物如狮子、土狼等对抗，辛苦捕来的猎物经常被它们抢走。

非洲的马塞族人对猎豹也不太友善。马塞族是游牧民族，他们不会随意猎杀野生动物，因为他们认为只有自己放养的牲口才适宜食用，但他们会用手中的长矛抢走猎豹的猎物，不是为了吃，而是用来喂狗，这样它们便可省下喂狗的食物。可怜的猎豹只能重新捕猎，但高速的追猎带来的后果是

拓展阅读

猎豹的驯化饲养

猎豹相对来说是比较容易驯化饲养的，世界上最早的驯化纪录是闪族人，他们最早开始驯化猎豹。马可·波罗在他的游记里面留下了一些有趣的记录：在猎豹的分布区以外，许多东方人将猎豹养作宠物。三千多年前的古埃及，皇室人员饲养猎豹为他们打猎。印度曾经有一个蒙兀儿帝国，有个皇帝叫作阿巴克，他建立了一个有几千头猎豹的动物园。

能量的高度损耗，一个猎豹连续追猎 5 次不成功或猎物被抢走，就有可能会被饿死，因为再没力气捕猎了。幼豹的成活率很低，2/3 的幼豹在 1 岁前就被狮子、土狼等咬死或因食物不足而饿死。

刺猬身上大约有多少根刺

一只刺猬身上到底有多少根刺？只要你有足够的耐性，给你一个放大镜和小镊子，你就会发现，一只刺猬因其个头大小，约有 16000 ~ 17000 根刺。刺猬平均体重为 1.2 千克，而重达 2 千克的胖刺猬也不过有大约 17000 根刺，这些刺每根只有 1 毫米粗。

刺 猬

日常生活中，我们经常会说“不要以貌取人”，但刺猬的外表实在太能说明问题。它们身上明明白白地写着“别碰我”三个大字，且摆出一触即发的架势。谁要是壮起胆子去摸刺猬，它肯定会发出呼噜呼噜的低吼声和吱吱叫声。皮下肌肉条件反射地紧张起来，刺根根竖起。这种“天然武器”主要是对付其捕食者，特别是宿敌狐狸。狐狸常悻悻地收回被刺伤的爪子，眼睁睁地放弃

你知道吗

什么是反射活动

反射活动是中枢神经系统的基本活动形式。反射可分为非条件反射与条件反射。非条件反射是机体先天固有的反射。例如，异物刺激角膜引起眼睑闭合的角膜反射、婴儿的吸吮反射、膝跳反射等。条件反射是机体后天获得的。它是在个体的生活过程中，在非条件反射的基础上建立起来的反射活动。

这道美味。只有狡猾的老狐狸才能收拾得了这个“小刺球”。

刺猬们彼此间就不能互相依偎吗？亲密无间是不大可行，但刺猬终究也要交配，且从来就没有出现过其中一方被刺伤的惨剧。动物学者们曾经设想它们是面对面地进行交配。但现在已经证实，公刺猬仍然需要爬到母刺猬的背上来完成交配。此时，雌刺猬为了不伤到伴侣，要尽量松弛肌肉，好让“刺”伏帖下来。这对双方都是一次无比艰巨的任务，所以交配过程只有短短几秒钟，但要反复好多次。

刺猬顶着成千上万的刺儿生活，麻烦事还远不止这些，而最主要的问题是跳蚤。刺猬睡觉时，将身子缩成一团，把浑身的尖刺一根根竖着，只露出鼻孔在外进行呼吸，谁也奈何它不得。

夏天狗的舌头为什么常常要伸出来

狗是哺乳动物的一种。哺乳动物的体温在正常状态下是恒定的。当热量多了时就要通过降温来散发热量，使体温维持恒定。人和许多动物身体表面都有汗腺，会分泌汗液，热量通过汗液的分泌散发到体外，就会降低体温。

但是，动物学家们发现，狗的身体表面没有汗腺，它的汗腺是长在舌头上的。夏天天气炎热，为了维持正常的体温，狗只好伸出它那长长的冒着热气的舌头来，这样就可以促进身体热量的散发。

实际上，即使不是夏天，狗的舌头有时也要伸出来，如它在奔跑或打架之后，身体热了，也会伸出舌头来散发热量。

基本小知识

汗　腺

汗腺是哺乳类的皮肤腺的一种，能够分泌汗液。腺体存在于真皮或皮下组织中的屈曲之丝球体。排出管呈螺旋状，开口于表皮的表面。开口部称为汗口。

为什么老虎只能吃肉

东北虎

被称为兽王的老虎，是凶猛的食肉动物，它要吃的都是血淋淋的肉。为什么在动物分类上老虎和猫同属猫科动物，而猫经过驯化，也能食杂食，但老虎却不能呢？难道仅仅是因为它凶猛的本性吗？

生活的常识告诉我们，老虎吃肉，而羊却喜欢吃草。如果把它们的食物交换一下，那么老虎和羊都会饿死。老虎和羊吃的食物不一样，是因为它们有不同的齿列、消化系统。老虎张开大嘴，上下两边各有一只大而尖锐的犬齿。它利用这些犬齿，可以得心应手地戳穿、撕裂、把握和操纵食物。老虎上下颌的臼齿特别大，很锋利，非常有利于吃肉。但老虎的门齿却非常小，这恰巧可用来夹住食物或将食物切割成碎片。老虎的前后趾上生有钩状利爪，这又为捕捉动物创造了条件。还有，老虎的消化系统跟羊也不一样，它只分泌消化肉类的蛋白酶、脂肪酶，其中不含淀粉酶、纤维素酶。

还有，老虎总是爱在白天睡觉，这是它捕食的需要。因为老虎生活在深山野林里，而深山野林里的小动物一般都在晚上出来活动，白天都躲在自己的巢穴里，老虎为了晚上出来捕食，只好在白天睡觉养好精神，以便晚上出去捕食。这样久而久之便养成了爱在白天睡觉的习性。我们常常看到动物园里的老虎也爱在白天睡觉，这是因为它们虽然不需要在晚上捕食了，但白天睡觉的习性却保持下来。

拓展阅读

虎的起源

虎是由古食肉类进化而来。在第三纪早期，古食肉类中的猫形类有数个分支：其中一支是古猎豹，贯穿各地质时期而进化为现今的猎豹；一支是犬齿高度特化的古剑齿虎类，一支是与古剑齿虎类相似的伪剑齿虎类，最后一支是古猫类。古剑齿虎类和伪剑齿虎类分别在第三纪早期和晚期绝灭，古猫类得以幸存。其中，类虎古猫就是现今的虎的祖先。

猴子吃东西为什么总是狼吞虎咽

去过动物园的小朋友会发现，猴子吃东西总是狼吞虎咽的，似乎很害怕被别人抢走似的。人在吃东西的时候，如果狼吞虎咽地囫囵吞下去，就会增加胃的负担，造成消化不良，影响身体健康。但猴子为什么能够狼吞虎咽地一口气吃下很多东西，却从来没听说它们因此而闹病呢？

猴　子

这是因为猴子有特殊的进食方法。其实，猴子没有囫囵吞吃食物。如果你仔细地观察的话，就会发现它们虽然在抢夺食物往嘴里塞，但并没有把食物咽到胃里去。

趣味点击　猴的寓意

汉族普遍认为猴为吉祥物。由于猴与侯谐音，在许多图画中，猴的形象表示封侯的意思。如一只猴子爬在枫树上挂印，取“封侯挂印”之意；一只猴子骑在马背上，取“马上封侯”之意；两只猴子坐在一棵松树上，或一只猴子骑在另一只猴的背上，取“辈辈封侯”之意。

原来，在它们的口腔两侧，各长有一个囊，叫作“颊囊”。颊囊的机能主要是用来储藏食物的。平时，我们看到猴子抢夺食物，倒并不是真正把食物吃下去，而是把抢来的食物放在颊囊里暂时储藏起来，然后慢慢地咀嚼食物，再吞下胃里去。

野生动物们的食物，并不像人类那样有保障。它们一旦发现了食物，往往习惯地把食物先大口大口吃进嘴里，免得被别的动物抢走了。猴子的颊囊就是为了适应生活环境的需要而发展出来的。

靠吼声壮声威的吼猴

吼猴是生活在美洲的最大的一种猴。体长60多厘米，尾巴长达一米多，全身披着浓密的毛，多为褐红色，随着太阳光线的强弱和照射角度的不同，体毛的颜色能发生各种变化。吼猴的脖子很粗，口腔和下腭也特别大。每到夜晚和激动时，便会发出吼声。

吼猴为什么要吼叫？这是一个动物行为之谜。

有人说它是为了恫吓敌人，进行自卫；也有人说是为联络同伴而发出的信息。究竟如何，有待动物学家的进一步研究。

吼猴舌骨特别大，能够形成一种特殊的回音器。每当它需要发出各种不同性质的传呼信号时，它就发出巨大的吼声，声带震动发出的声音通过回音器变得十分深沉洪亮，不停地响彻于森林树冠之上，这吼声可在1500米以外都能清楚地听到。吼猴的名称也是由此而来。

如果猴群之间发生冲突，双方就会展开一场激烈的吼声大战。吼声大的最后自然取胜，吼声小的只能投降。吼猴还有一根细长而蜷曲的尾巴，很适合它们的树栖生活。

吼猴是全素食者，各种各样的树叶、果实、坚果和种子它都吃。吼猴每天要花三四小时进食。它常常用尾巴倒悬在树上，直接用嘴啃食树枝上的叶子和果实，或者用尾巴将食物拉过来而不是用前肢采摘。

森林里的树叶大多包含有生物碱和毒素，吼猴有很好的辨别能力，总是挑选树叶中含毒量最小的部分，如叶柄、嫩叶和成熟了的果实来吃。吼猴栖息在树上，从不轻易下树，即使是口渴时，也只是舔些潮湿的树叶来解渴。

吼猴一般都有自己的领地，常常十几只群居在密林的树冠上，由一只强壮的雄猴率领并承担防卫任务；母猴专管生儿育女；幼猴一般和父母一起生活到性成熟。

夏天水牛为什么喜欢浸在水里

从水牛的名字听来，就可以知道它是喜欢水的。夏天，它常常喜欢把身体浸在水里。这是为什么呢？原来，水牛的祖先是生活在亚热带和热带的，这些地区的气温很高，夏天的温度可以到39℃左右。而水牛的皮又很厚，汗腺不发达，不大会出汗，所以不能利用出汗来维持正常的体温。把身体浸在水里，就可以散发热量，以维持正常的体温。

水牛祖先的这种特性和水牛的生理组织，形成了水牛喜欢浸水的习惯，所以每当夏秋气温超过30℃时，特别是经过一段时间的耕田以后，它的体温上升，感到闷热难当，就喜欢把身体浸到水里去。同时，夏天里蚊蝇特别多，水牛钻在水里也可减少蚊蝇叮咬。

基本小知识

热　带

热带，南北回归线之间的地带，地处赤道两侧，位于南北纬23°26′之间，占全球总面积39．8%。热带气候最显著的特点是全年气温较高，四季界限不明显，日温度变化大于年温度变化。

水族动物的奥秘

DONGWU ZHONG DE AOMI

水族动物，是指在水中生活的动物。大多数是在物种进化中未曾脱离水中生活的一级水生动物，但是也包括像鲸和水生昆虫之类由陆生动物转化成的二级水生生物。

按照栖息场所，水族动物可分为海洋动物和淡水动物两种。水族动物最常见的是鱼，此外还有腔肠动物，如海葵、海蜇、珊瑚虫；软体动物，如乌贼、章鱼；甲壳动物，如虾、蟹；其他动物，如海豚、鲸（哺乳动物）等。

藤 壶

藤 壶

藤壶是附着在海边岩石上的一簇簇灰白色、有石灰质外壳的小动物。它的形状有点像马的牙齿，所以生活在海边的人们常叫它“马牙”。藤壶不但能附着在礁石上，而且能附着在船体上，任凭风吹浪打也冲刷不掉。藤壶在每一次脱皮之后，就要分泌出一种黏性的藤壶初生胶，这种胶含有多种生化成分和极强的黏合力，从而保证了它极强的吸附能力。

相信经常出入海边的人们对藤壶并不陌生，许多人都见过，但对它却不一定太了解。藤壶体表有个坚硬的外壳，常被误以为是贝类，其实它是属节肢动物中甲壳纲的蔓脚目动物。藤壶分布甚广，几乎任何海域的潮间带至潮下带浅水区，都可以发现其踪迹。它们数量繁多，常群集在一起，成型后的藤壶是节肢动物中唯一固着的动物。

藤壶外形一般分为两种：一种是鹅颈形藤壶，它们经由一个

拓展阅读

节肢动物的特征

节肢动物，也称“节足动物”。动物界中种类最多的一门。身体左右对称，由多数结构与功能各不相同的体节构成，一般可分头、胸、腹三部分，但有些种类头、胸两部愈合为头胸部，有些种类胸部与腹部未分化。体表披有坚厚的几丁质外骨胳。附肢分节。

不同长度、呈圆柱形的茎，附着在硬物上；另一种是圆椎形藤壶，它的外壳由复杂石灰质所组成，看上去像座微型的火山。以上这两种藤壶的开孔部，都有一个由许多小骨片所形成的活动壳盖，当水流经过孔部时，壳盖会打开，会由里面伸出呈羽状的触手，滤食水中的浮游生物，等到退潮后，壳盖会紧紧地闭起，既防止体内的水分流失，又防御其他生物的侵扰。虽然藤壶有很坚硬的外壳保护，但海中的海星、海螺，及天上的海鸥，都会把它视为摄食对象。

藤壶是雌雄同体，行异体受精。由于它们固着不能行动，在生殖期间，必须靠着能伸缩的细管，将精子送入别的藤壶中使卵受精。藤壶有很细长的雄性生殖器，按身体比例它们是所有生物中最长的。所以每个邻居都可能成为交配对象。藤壶每年只产卵一次，卵子一旦成熟，它们会释放化学物质“诏告天下”，所有邻居会帮忙将卵子授精。这样有助于它们将基因传递给下一代。待卵受精后，经三四个月孵化；此时，刚孵化出的小幼苗即脱离母体，但必须经过几个星期的漂浮日子，才能附物而居。在它准备附着时，会分泌一种胶质，使身体能牢牢地黏附在硬物上。

许多种类的藤壶在附着时，不会有特定的场所，海岸的岩礁上、码头、船底等，凡有硬物的表面，均有可能被它附着上，甚至在鲸鱼、海龟、龙虾、螃蟹的体表，也常会发现有附着的藤壶。

海边圆椎型藤壶的个体不大，但吸附力极强，若想用手把它从附着物上拔起，那几乎是不可能的事，必须借助凿子类的硬金属才能将它敲下来。也因为它有坚硬且附着力强的外壳，常会对岸边戏水者造成意外的伤害。

你知道吗

什么是雌雄同体

雌雄同体，即在一个动物体中雌、雄性状都明显的现象。雌雄同体有两种情况，一种是同时具备精巢和卵巢，另一种是具有两性腺体。雌雄同体现象在各低等动物中为数很多。一般认为与雌雄异体现象相比是属于原始的性别类型。

最古老的甲壳动物：鲎

鲎是一种最古老的低等节肢动物，生活在我国东南沿海，属甲壳类。在4亿多年前，地球上还没有出现鱼类时，它们已经在海洋中生活了。经过漫长的岁月，它不仅现在仍然存在，而且变化不大，几乎与其祖先的特性和生理结构一样。

鲎的身体分为以关节相连的三部分：宽阔马蹄形的头胸部，小得多的分节的腹部和一根长而尖的尾剑（尾节）。头胸部上表面光滑，隆起，侧面有一对复眼，中脊前端有一对能感受紫外线的单眼。头胸部的腹面有6对附肢：第一对称为螯肢，专门用以捕捉蠕虫、薄壳的软体动物和其他猎物；其他5对附肢围绕于口周围，其功能为步行和进食（步足），每个步足的基节内侧有长刺，用以剥离食物并将其滚入口中。最后一对步足基节后面有一对退化的附肢，称为唇瓣。

鲎有四只眼睛。头胸甲前端有0．5毫米的两只小眼睛，小眼睛对紫外光最敏感，说明这对眼睛只用来感知亮度。在鲎的头胸甲两侧有一对大复眼，每只眼睛是由若干个小眼睛组成。人们发现鲎的复眼有一种侧抑制现象，也就是能使物体的图像更加清晰，这一原理被应用于电视和雷达系统中，提高了电视成像的清晰度和雷达的显示灵敏度。为此，这种亿万年默默无闻的古老动物一跃而成为近代仿生学中一颗引人瞩目的“明星”。

鲎喜欢在浅海游泳或到深海爬行，为防敌害，它经常藏匿在泥沙中，只露出剑尾在外警戒。它每年四五月间成双成对、形影不离地相携到近海繁殖，产完卵后，即离开儿女又回到深海去，幼仔经8年才能达到成熟。

为什么说海胆“浑身是宝”

海胆是海洋里一种古老的生物，与海星、海参是近亲。据科学考证，它在地球上已有上亿年的生存史。在我国的青藏高原，就曾发现过海胆的化石。它们在世界各大海洋中都生活过，以印度洋和太平洋的活动最为频繁。由于它们喜欢盐度高的海域，所以靠近江河入海处和盐度低的海水中很少见，或者根本没有。

海胆“浑身是宝”，海胆黄，不但味道鲜美，营养价值也很高，每100克鲜海胆黄中含蛋白质41克、脂肪32.7克，还含有维生素A、维生素D，各种氨基酸及磷、铁、钙等营养成分。海胆还可以生产加工成为盐渍海胆、酒精海胆、冰鲜海胆、海胆酱和清蒸海胆罐头等多种海胆食品。

海 胆

海胆还具有较广泛的药用功能。它的药用部位为全壳，壳呈石灰质，药材名就叫“海胆”。我国很早就有海胆药用的记载，《本草原始》记载海胆有“治心痛”的功效，近代中医药认为“海胆性味咸平，有软坚散结、化痰消肿的功用”。

海胆的外壳、海胆刺、海胆卵黄等，可治疗胃及十二指肠溃疡、中耳炎等；同时，海胆壳还可制成工艺品。

知识小链接

沧海桑田

“沧海桑田”原来的意思是海洋会变为陆地，陆地会变为海洋。这种“沧桑之变”是发生在地球上的一种自然现象。因为地球内部的物质总在不停地运动着，因此会促使地壳发生变动，有时上升，有时下降。挨近大陆边缘的海水比较浅，如果地壳上升，海底便会露出，而成为陆地；相反，海边的陆地下沉，便会变为海洋。

然而，并不是所有的海胆都可以吃，有不少种类是有毒的。有毒海胆看上去要比无毒的海胆漂亮得多。例如，生长在南海珊瑚礁间的环刺海胆，它的粗刺上有黑白条纹，细刺为黄色。幼小的环刺海胆的刺上有白色、绿色的彩带，闪闪发光，在细刺的尖端生长着一个倒钩。它一旦刺进皮肤，毒汁就会注入人体，细刺也就断在皮肉中，使皮肤局部红肿疼痛，有的甚至出现心跳加快、全身痉挛等中毒症状。

最长的动物——纽虫

在海洋上，敢与抹香鲸决胜负的大王乌贼身长近 17 米；在南大西洋马尔维纳斯群岛着陆过的蓝鲸长达 33 米；北方海域漂浮的如若巨伞的霞水母长达 36 米；但这些动物都算不上是世界上最长的动物。

1864 年，一次猛烈的风暴后，在苏格兰沿岸，人们采到一条海洋纽虫，又称蠕虫，测量它的体长，竟超过了 55 米！经鉴定，这是一条巨大的纽虫。据统计，世界上大约有 500 多种纽虫。

纽虫的身体不分节，背腹扁平，两侧对称。在结构上，不论是长达数十米或长仅一毫米的纽虫，都长着一个特别的吻。吻位于背部的一个特殊的腔中，几乎超过体长的二分一。当捕食时，吻部可突然伸出，迅速缠住猎获物并将它卷入口中。有的纽虫吻端还长有针刺，以增强其捕食能力。

在动物演化的历程中，纽虫不像扁虫那样口兼肛门，而是有了完整的消化系统，有了专门排粪的器官——肛门。它的循环系统也初具规模。作为一种较低等的动物，纽虫能够生存至今，也许是因为它具有以上器官。纽虫的生命力很强，即使在寒冷的冬天也能够僵而不死。它有特厚的肌肉层，而且体表能分泌酸性很强的黏液，在它的肠道和体壁之间充满着许多组织细胞，可以贮存食物。因此，它的耐饿力很强。

纽虫有特别的再生能力，它以断裂的方式进行无性生殖。虫体可以分为许多部分，每一部分都是以后新个体的起源。人们做过这样的实验，把一个 10 厘米长的纽虫体切成 100 个小段，过一段时间后，每个小段都形成了一个完整的个体。当然，不同种类的纽虫的再生能力是不完全相同的，有的纽虫只要有部分纵神经干就能再生，有的却要有体后端才能再生。

纽虫大多数色彩鲜艳，红、蓝、黄、绿、白等各种颜色混合一体，有时呈交叉的横带状，有时具特殊的警戒色。你如果在潮间带翻开石块，也许就会看到几条扭缠在一起的纽虫。

纽虫身体收缩能力极强，如果人们将捕蟹网置于海中，纽虫闻到里面食物的味道就会顺着比身体细得多的网眼挤进去，吃掉食物后再挤出来，而身体毫无损害。

纽虫具有什么样的经济价值，还不十分清楚。

水母为什么会发光

水母是一种低等的腔肠动物，也是肉食动物。水母的出现比恐龙还早，可追溯到6.5亿年前。栉水母在海里游动，身体显现着球形的蓝光，后面的几条长长触手在闪耀着细长的光带，随着栉水母游动时的身体弯屈和摆动，光亮也是千姿百态，十分优美动人。水母是一种刺细胞动物，构造简单，没有肌肉和骨骼，身体的98%左右都是水，它的光是怎么发出来的呢？

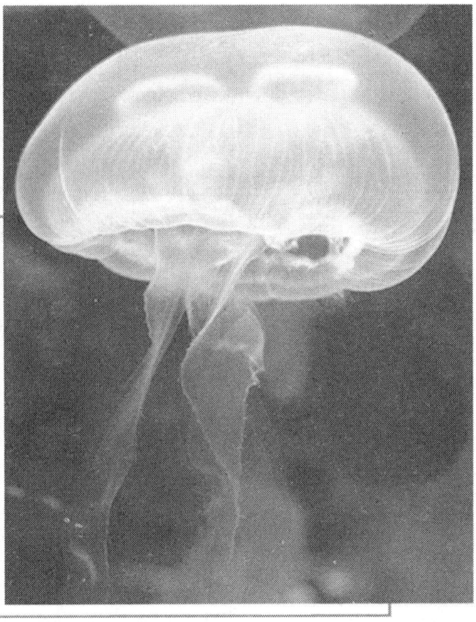

发光的水母

原来水母的发光源与其他动物是不同的，其他动物大多是荧光素、荧光酶经过氧的催化作用，因而发光。可是，水母发光靠的却是一种叫埃奎林的神奇的蛋白质，这种蛋白质遇到钙离子就能发出较强的蓝色光来。据科学家研究，每只水母大约含有50微克的发光蛋白质。

为什么说水母是“顺风耳”

有经验的海员常常根据水母的习性预测天气。水母触手中间的细柄上有一个小球，里面有一粒小小的听石，这是水母的“耳朵”。由海浪和空气摩擦而产生的次声波冲击听石，刺激着周围的神经感受器，使水母在风暴来临之前的十几个小时就能够得到信息，于是，它们就好像是接到了命令似的，从海面一下子全部消失了。

因此，水母的耳朵被人类形象地称作“顺风耳”。科学家仿照水母耳朵的结构和功能，设计了水母耳风暴预测仪，能提前15小时对风暴做出预报，对航海和渔业的安全都有非常重要的意义。

拓展阅读

水中大熊猫：桃花水母

桃花水母又称桃花鱼，是一种最原始、最低等的无脊椎腔肠动物，距今已有6.5亿年，出现时间比恐龙早几亿年，被喻为生物进化研究的“活化石”，其本身独有的基因对现代基因工程研究有重要意义。桃花水母对生存环境有极高的要求，水质不能有任何污染，活体罕见，极难制成标本，被国家列为世界最高级别的“极危生物”，更有“水中大熊猫”之称。

玩变色游戏的石斑鱼

生活在热带海洋中的石斑鱼，能很快地从黑色变为白色，黄色变为绯红色，红色变为淡绿色或浓褐色等，它们还能使很多的点、斑纹、带和线变得忽暗忽明。据观察，这种鱼能在极短的时间内变幻出 6 种不同的颜色，大玩变色游戏，让你难觅其踪。为什么石斑鱼能迅速地变换体色呢？

我们知道，鱼体的色彩是因为鱼体的皮肤细胞内含有色素的缘故。色素细胞依据合光下所呈现的颜色，可以分为黄色素细胞、红色素细胞、虹彩色素细胞、白色素细胞、黑色素细胞与蓝色素细胞。由于色素的多少不同，色素的转化，以及分布而形成了色彩各异的鱼类体色。另外，鱼类的色素细胞的形状极易改变，不同的形状，会显现出不同的色彩来。色素细胞在鱼体皮肤中，一般呈双层排列；上层的色素细胞分布在表皮下的疏松结缔组织中，下层则在皮肤的紧密结缔组织中。上层的色素细胞对鱼体颜色的改变起着重要的作用。

经研究表明，鱼体黑色素细胞附近分布着丰富的神经末梢，神经系统控制着黑色素细胞的生理活动；同时，脑下腺分泌的激素通过血液控制黑色素细胞的生理活动，但作用的速度比神经控制速度要慢得多。至于黄色素细胞和红色素细胞则是由激素进行控制的，它们与神经系统无关。

石斑鱼之所以能够变色，主要是受环境的刺激。这些刺激包括眼睛看到的、耳朵听到的、鼻子嗅到的以及触觉等感觉器官所感受到的。刺激所引起的神经冲动通过神经传至脑，促使脑的相适应的反应下传至一定部位，或通过脑下腺分泌激素经血传至一定部位，最后各种色素细胞得到信息而分泌适宜量的色素。刺激不同，分泌色素的种类与量就不同，从而显示出不同的体色变化。这种体色的变化是与环境刺激的统一。有人曾以人类的面部颜色的变化来比喻这种变化，人类突然受到刺激，面部颜色可以很快地变红或苍白。

海绵的奥秘

海绵是非常奇异的动物。它们不会运动，身体被触摸时也不会做出反应。它们既能生活在热的海洋中，也能生活在冷的海洋中，并附着在海床或者海底岩石上。海绵具有由独立的部分构成的骨架和各种形状的骨针、退化的神经系统和生殖细胞。它们既可以通过分裂进行生殖，也可以通过受精卵进行生殖。受精卵变成会游泳的幼体，被水流从海绵的中央孔带出，然后固定在某个地方，再长成新的海绵。

基本小知识

分裂生殖

分裂生殖是无性繁殖方式之一。单细胞的生物通过细胞分裂（横裂或纵裂）形成两个与母体一样的子体，如细菌（横裂）、眼虫（纵裂）等。群体类生物的分裂生殖是群体中每个细胞同时进行分裂，进一步发育成和母体相同的新群体，如盘藻、实球藻等。

海绵是世界上结构最简单的多细胞动物。它既没有头，也没有尾，没有躯干和四肢，更没有神经和器官。海绵虽然属于动物，但却常常附着固定在海底的礁石上，从流过身边的海水中获取食物。18 世纪以前，海绵一直被当作植物对待，后来由于显微镜的发明，以及动物胚胎学研究的进展，人们得以认识海绵的真面目，终于确定了海绵的真正属性。海绵身体柔软似绵，大都生活在海洋里，“海绵”之名由此而来。

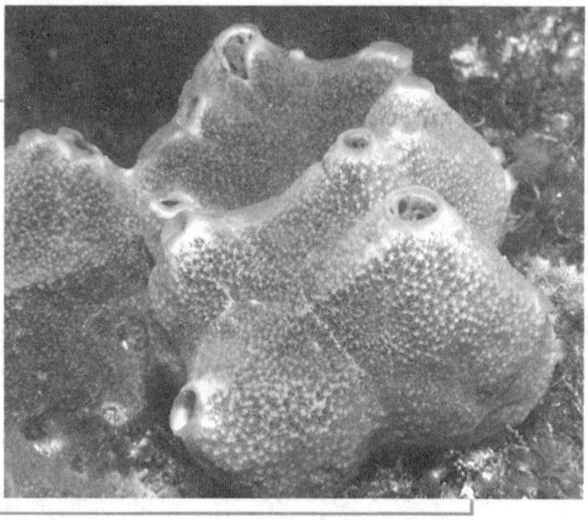

海　绵

海绵有着奇特而强大的再生能力。如果人们把它撕成碎片抛入海中，它就可以一块块独立长成一个个完整的新个体。海水从海绵的小孔流进去，又从大孔流出来，那些微小的生物随着水流进入海绵体内，成为“自投罗网”的食物。所以，海绵虽然被称为“海中的花和果实”，看上去似植物一般，实际上是一种动物。

海绵喜欢和其他生物共生共栖。有些水藻长在它的身上使它全身变为绿色，乍看起来就像是一个美丽的水藻。有些沙蟹喜欢把它撕成碎块贴在腿或壳上，让其在它们的身上生长起来，好似披上一层厚厚的铠甲，沙蟹以此来防御敌害。海绵还常固着在峨螺或牡蛎壳上，牡蛎和峨螺倒很乐意，因为海绵能分泌难闻的气味，帮助它们吓退敌害。

更有趣的是，在海绵的体内有时会发现活的小虾。这是一些成对的雌雄小虾，小虾钻进它的体内居住，长大了就出不来，“困”在里面，一直到老死。海绵供应小虾养料，而小虾则在它的体内清理孔道内的污物，它们就这样互惠互利，和谐共存。这种现象生物学上称之为“偕老同穴”。而生活在海绵体内的小虾，由于过着这种“牢笼”生活，白头偕老，至死不渝，成为忠贞爱情的象征。日本人常把它们当作结婚礼物送给伉俪，小虾也因此而被美称为“俪虾”。

海绵能分泌一种类似于毒液的物质，这是它的防御手段，用以反击敌害，或杀死周围海水中的有毒微生物，使它们生活的海水周围变得比较洁净。

海绵不仅能用于日常生活，而且由于它的体内含有天然抗生素，能杀死结核杆菌，可用于风湿及神经系统疾病的治疗。海绵的体内有多种抗癌物质，有些已被提取，正广泛应用于临床。

海绵的捕食方法十分奇特，是用一种滤食方式。单体海绵很像一个花瓶，瓶壁上的每一个小孔都是一张“嘴巴”。海绵通过不断振动体壁的鞭毛，使含有食饵的海水不断从这些小孔渗入瓶腔，进入体内。在“瓶”内壁有无数的领鞭毛细胞，由基部向顶端螺旋式地波动，从而产生同一方向的引力，起到类似抽水机的泵吸作用。

趣味点击　两壳形状不同的牡蛎

牡蛎的两壳形状不同，表面粗糙，暗灰色。上壳中部隆起；下壳附着于其他物体上，较大，颇扁，边缘较光滑。两壳的内面均白色光滑。两壳于较窄的一端以一条有弹性的韧带相连。壳的中部有强大的闭壳肌，用以对抗韧带的拉力。

当海水从瓶壁渗入时，水中的营养物质，如动植物碎屑、藻类、细菌等，便被领鞭毛细胞捕捉后吞噬。经过消化吸收，那些无法消化的东西随海水从出水口流出体外。这种取食方式充分证明了它属于滤食的异养动物。

基本小知识

抗 生 素

抗生素是由微生物（包括细菌、真菌、放线菌属）或高等动植物在生活过程中所产生的具有抗病原体或其他活性的一类次级代谢产物，能干扰其他生活细胞发育功能的化学物质。目前已知天然抗生素不下万种。

海绵虽然是多细胞动物中最简单的一类，却有一个庞大的家族，种数达5000多种。海绵的体壁内长着具有支持作用的针状骨骼，叫作骨针。海绵的寿命也比较长，有的种类据说可以活几百年。

海绵的性格并不“绵”，它凶猛、多情、好动。在夏威夷生长的火海绵能够分泌毒液，给其他动物造成剧痛；生长在地中海的一种海绵，则具备诱骗小甲壳类动物的能力，能够伸出锋利的刺把它们团团围住，饱餐一顿。

海绵也是最早的有性繁殖生物，大多数的海绵都是雌雄同体的，能够同时产生卵子和精子并排入水中。精子会一直在海水中遨游，直到找到另一个海绵管道的接收入口。海绵的“多情”表现在它有另外一种生殖方式，如果一块海绵遭受外力破坏，被拆散了的细胞会在海水中寻找同伴，然后重新聚在一起，仿制出一块与它们父母辈相同的海绵。海绵受伤以后，不会用新细胞代替旧细胞的方式愈合伤口，而是调动旧的细胞到

你知道吗

什么是多细胞生物

细胞生物是指由多个，分化的细胞组成的生物体，其分化的细胞各有不同的，专门的功能。大多数可以使用肉眼看到的生物是多细胞生物，所有植物界和除黏菌门外所有动物界的生物是多细胞生物。

创伤处，阻止伤口进一步蔓延。

就这样，海绵很潇洒地生活在水下，并为周围成千上万种生物提供庇护所。此外，海绵其实很好动。1986 年美国北卡罗来纳州大学的生物学家卡尔汗·邦德就发现，海绵并不是静止不动的，他通过精密仪器观察到，海绵的边缘会像肢体一样帮助自己移动，有的一天能移动 4 毫米，有的居然能爬上玻璃容器壁。

海葵的奥秘

海葵的外表很像植物，其实却是动物。因海葵没有骨骼，在分类学上隶属于腔肠动物，代表了从简单有机体向复杂有机体进化发展的一个重要环节。它是一种原始而又简单的动物，只能对最基本的生存需要产生反应。海葵身上有很多触手，它的神经系统无法辨别周围环境的变化，只有通过实际的接触，受到刺激才会发生反应。

当海葵被触动时，许多触手都会发生一阵反射性痉挛，这说明有一些基本信号传递到了海葵的全身，但是只有直接参与和食物接触的触手才有抓取食物的反应。这些信号是非常简单的，因为每次接触所产生的反应都相同。只有当食物最终进入和消化系统接触的状态时，其他触手才会开始活跃起来，纷纷把自己折皱起来。这种反应的目的只有一个，就是摄取食物，将食物包围起来，送到嘴上进食。

海葵没有主动出击的能力。但事实上，海葵并不都是永久附于一处，有的在缓缓滑行，有的靠触手做翻转运动，还有的能在水中做短距离的游泳。极个别的海葵还会靠基盘分泌的气囊倒挂在水层中浮游。

海葵看上去好似一朵无害的柔弱的鲜花，但实际上却是一种靠摄取水中的动物为生的食肉动物。它的呈放射状的两排细长的触手伸张开来，在消化腔上方摆动不止，就像一朵朵盛开的花，非常美丽，向那些游鱼频频招手。虽然不能主动出击获取猎物，但是当它的触手一旦受到刺激，哪怕是轻轻的一掠，它都能毫不留情地捉住到手的牺牲品。海葵的触手长满了倒刺，这种倒刺能够刺穿猎物的肉体。它的体壁与触手均具有刺丝胞，那是一种特殊的有毒器官，会分泌一种毒液，用来麻痹其他动物以自卫或摄食。看来，海葵鲜艳动人的触手对小鱼来说，其实是一种可怕的美丽陷阱。海葵所分泌的毒液，对人类伤害不大，如果我们不小心摸到它们的触手，就会有刺痛或瘙痒的感觉。假如把它们采回去煮熟吃下，会产生呕吐、发烧、腹痛等中毒现象。因此，海葵既摸不得也吃不得。

海　葵

基本小知识

刺　丝　胞

刺丝胞亦称丝胞。某些纤毛虫和鞭毛虫等原生动物表膜下的一种构造，由一个腔和细长的丝构成，受刺激后细丝立即射出。有的分布全身，有的只限某些区域（如触手、乳突、口周围）。

海葵除了依附岩礁之外，还会依附在寄居蟹的螺壳上。当寄居蟹长大要迁入另一个较大的新螺壳时，海葵也会主动地移到新壳上。这样海葵和寄居蟹双方都得到好处。由于寄居蟹喜好在海中四处游荡，使得原本不移动的海葵随着寄居蟹的走动，扩大了觅食的领域。对寄居蟹来说，一则可用海葵来伪装，二则由于海葵能分泌毒液，可杀死寄居蟹的天敌，因此保障了寄居蟹的安全。

海葵除了与寄居蟹互利共生之外，还与一种小丑鱼共同生活。小丑鱼的体表能分泌黏液，以防止海葵刺细胞的螫刺，如果把它的黏液除去，它们也会被海葵蜇得落荒而逃。当海葵依附在岩礁上动弹不得时，这种红身白纹的小丑鱼会在漂亮的触手处游动，以引诱其他的小鱼上钩。海葵在捕捉到猎物，饱餐之后，小丑鱼就可以捡食一些残渣。此外，小丑鱼遇到敌人攻击时，就赶紧逃到海葵的触手间躲避。总之，小丑鱼以海葵为避难所，而海葵借着小丑鱼以获得更多的食物。

海葵虽然能和其他动物和平相处，但也时常为争夺附着地盘和食物与自己的同类进行争斗。

最近，科学家还发现海葵的寿命大大超过海龟、珊瑚等寿命达数百年的物种，是世界上寿命最长的海洋动物之一。

拓展阅读

紫点海葵

紫点海葵分布在地中海沿岸，色泽非常亮丽，足部呈圆盘状，颜色为橘色，上面有小红斑点缀着。身体呈黄色，体上具有48条短胖的触手，触手顶端有紫色的小肉突，中间部分则有一明亮的环带，常生活在深水区的边缘，水色清澈时色泽鲜艳，混浊时就变得较为暗淡，喜欢居住在软质地上。

珊瑚虫的奥秘

珊瑚虫

珊瑚主要由钙质（石灰质）骨架组成，它保护珊瑚虫的活体部分。由于它们的外表和身体的不可动性，人们曾将它们当作植物。大多数珊瑚虫聚集在一起生活。有些种类例如石珊瑚，甚至用它们的骨架逐渐堆积形成巨大的结构——珊瑚礁。珊瑚有不同的生殖方式，一些种类产生出芽体，与母体分离后发育成新的珊瑚虫；另外一些种类以受精卵的方式进行生殖，由受精卵发育成能游动的幼体，然后经过变态发育，变成珊瑚虫。

群体生活的珊瑚虫，它们的骨架联在一起，肠腔也通过小肠系统联在一起，所以这些群体珊瑚虫有许多“口”，却共用一个“胃”。能够建造珊瑚礁的珊瑚虫大约有500多种，这些造礁珊瑚虫生活在浅海水域，水深50米以内，适宜温度为22℃～32℃，如果温度低于18℃则不能生存。所以在高纬度海区人们见不到珊瑚礁。珊瑚虫的触手是对称地生长的，根据触手的数目，可将珊瑚虫分为六放珊瑚和八放珊瑚两个亚纲。

广角镜

珊瑚的应用

人类对珊瑚的使用可以追溯到古希腊和古罗马时代。在中世纪的欧洲，珊瑚被大量运用于宗教仪式的装饰品和念珠的制作上。印第安土著民族和中国藏族等游牧民族对红珊瑚更是喜爱有加，甚至把红珊瑚作为护身和祈祷“上天（帝）”保佑的寄托物。

珊瑚虫，喜欢在水流快、温度高的暖海地区生活，我们见到的珊瑚就是无数珊瑚虫尸体腐烂以后，剩下的群体的“骨骼”。珊瑚虫的子孙们一代一代地在它们祖先的“骨骼”上面繁殖后代，就形成了各种各样的珊瑚。

为什么海参吐出肠子却不会死

在长满海藻的海底，那里的岩石缝里面，有一种长得像小黄瓜似的动物，长条形的身体上还有许多的肉刺，它们就是海参。海参在海底，是用它的管足和肌肉伸缩来行动的。就像陆地上的蜗牛一样，它们的行动非常缓慢。那如果遇到敌人怎么办？难道只能等着送死吗？当然不是，海参自有一套办法，它会不慌不忙地把它又黏又长的肠子，从肛门一股脑儿喷出来，迷惑敌人，趁

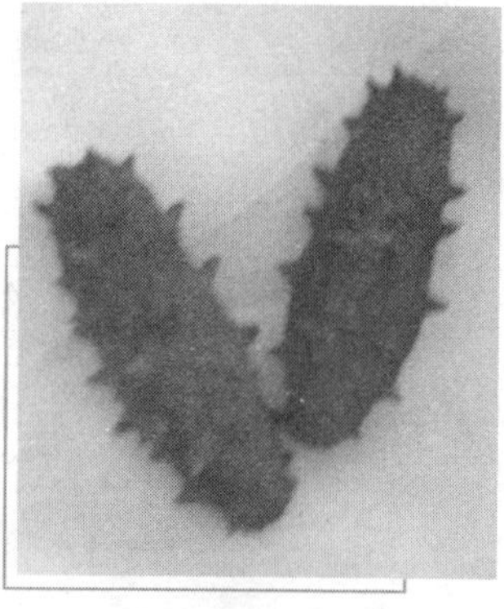

海参

敌人迷乱时，赶紧逃走。

而把肚肠吐出的海参，大概50天后，就能长出新的肠子来。这完全是由于海参体内有一种结构组织，是由无数形态、结构相同的细胞集合在一起，执行共同生理机能的细胞群的缘故，它们主要是维持海参的生理机能，另一个功能则在于修补受伤或坏死的细胞。这也就是海参的“再生”功能，海参的再生能力很强，所以，尽管它逃跑时吐出肠子，也不会死亡。

广角镜

食用海参的注意事项

海参不宜与甘草酸、醋同食。做海参时如果放了醋，在营养上就会大打折扣。酸性环境会让胶原蛋白的空间结构发生变化，蛋白质分子出现不同程度的凝集和紧缩。海参还不能与葡萄、柿子、山楂、石榴、青果等水果同时食用，否则会导致蛋白质凝固，难以消化吸收，还会出现腹疼、恶心、呕吐等症状。

海参为什么“夏眠”

海参有一个跟一般动物完全相反的习性，那就是“夏眠”。这是为什么呢？海参以食小生物为生，当海底生物多的时候，它过着吃饱喝足的日子。然而，海底里的生物随着海水温度的变化也在发生变化。白天海面水暖，它们就会上浮；入夜水冷，它们就退回海底。日升夜沉，就是海里小生物的生活习惯。入夏以后，上层海水由于太阳强烈照射的结果，温度比较高。这时，海底的小生物都浮到海面，而海参却对温度很敏感，当水温超过20℃时，就向更深的海底迁移。由于在新的地方缺少食物，没有东西可吃的海参只好进入夏眠状态，这也是海参为适应环境而养成的习惯。

豆蟹与扇贝

动物界有一种有趣的动物“共栖现象”，是指两种生物生活在一起，双方互惠互利，共同的生活为它们的生存提供了便利条件，一旦分开，双方都会有“麻烦”。

世界上最小的蟹要算豆蟹了。它的甲壳一般只有几毫米长，大的也不过1厘米多。而最小的只有米粒般大小。它们主要生活在浅海，形状如大豆，颜色浅黄，因此，人们称它们为“豆蟹”。由于豆蟹体形小，捕食和御敌的本领都很差，因此常常要寻找自己的“保护伞”。豆蟹和扇贝能配合默契，相互利用，相处得很好。扇贝的外形像一把打开的折扇，它的闭壳肌晒干后就是一种名贵的海珍品——干贝。每当扇贝张开贝壳时，豆蟹就趁机寻找微小生物或有机碎屑来充饥。贝壳闭合时，豆蟹则以扇贝的粪便为食。

扇贝的天敌是红螺，红螺能分泌一种黄色带辣味的毒液，用来麻痹扇贝的闭壳肌，使它的双壳久久不能合拢，继而再把扇贝的肉慢慢地吃掉。每当强敌向扇贝袭击时，机警的豆蟹立即搅动扇贝的软体，扇贝马上就闭合贝壳，转危为安。而一旦不幸，“灾难”来临，勇敢的豆蟹愿为朋友两肋插刀，扬起双螯将红螺赶走，于是扇贝得以慢慢从麻痹中复苏过来。豆蟹在这种场合往往充当着扇贝天然卫士的角色。

知识小链接

红螺简介

红螺属软体动物门，腹足纲，分布广。螺壳大而坚厚，呈灰黄色或褐色，壳面粗糙，具有排列整齐而平的螺肋和细沟，壳口宽大，壳内面光滑呈红色或灰黄色。

龙虾与望远镜

龙虾不仅是我们的食物，它还给了人类一个非常有益的启示。生物学家们在研究龙虾时发现，它的眼睛与众不同！龙虾的眼睛由许多极细的能反射光的细管组成，这些细管整齐地排列，形成一个球面，当外来光接触到这个球面时，相应的细管就会感知这些光，并会产生反射，就这样，在很远的地方，龙虾就可发现它的敌人，从而使自己能够及早逃避，保全自己的性命。

龙　虾

根据龙虾眼睛的这种结构特点，美国的科技人员研制出了一种新型的天文望远镜，它可使观测范围大大增加。以往使用的 X 射线望远镜采用的是类似人类眼球构造的结构，它的测量范围比较小，不适合大范围的天空探测，容易遗漏宇宙中突发的 X 射线变化，使人们失掉对宇宙探测的许多宝贵信息，给天文研究工作造成难以预料的损失。

基本小知识

X 射 线

X 射线是波长介于紫外线和 γ 射线间的电磁辐射。由德国物理学家伦琴于 1895 年发现，故又称伦琴射线。伦琴射线具有很高的穿透本领，能透过许多对可见光不透明的物质，如墨纸、木料等。这种肉眼看不见的射线可以使很多固体材料发生可见的荧光。

目前，新研制出来的 X 射线天文望远镜是由大量内壁光滑的细管组成的。

这些细管整齐地排列成一个球形表面，当 X 射线到达这一球形表面时，就会射入相应的细管中，并在细管中产生反射现象，根据反射状况就可探测出 X 射线的方向、波长、强度。这种望远镜可以探测到天空 20% 的范围，大大提高了 X 射线探测的效率。

乌贼为什么“吐墨”

乌贼，又称墨鱼，味道鲜美，营养丰富，是一种高蛋白、低脂肪的美食良药。关于乌贼为什么会吐墨，民间流传着一个传说：相传秦始皇统一中国之后，有一年，他和众大臣出游黄海，有一位太监竟将一只装有文房四宝和奏章的白缎袋子丢失在海滩上了。天长日久，这只白缎袋子受大海的滋润，得天地之精华，竟变成了一个有生命的小精灵，袋身变成了雪白的肉体，两根带子变成了两条触须，袋子里的墨则包裹在肉体中的墨囊内。小精灵生活在海里，行动很敏捷，一旦遇敌来犯，便鼓起肚腹，喷射出漆黑的墨汁，掩护自己逃之夭夭。

传说终究是传说，其实，乌贼吐墨只不过是保护自己的一种绝技。乌贼的体内有一个墨囊，囊内储藏着分泌的墨汁，遇到敌害时，它就紧收墨囊，射出墨汁，使海水变得一片漆黑，乌贼趁机逃之夭夭。它还用墨汁来麻醉小动物，所以叫它墨鱼。其实它并不是鱼，而是软体动物的子孙。它的身体像个橡皮袋子，内部器官都装在袋内。在身体的两侧边缘有肉鳍，用来游泳和保持身体平衡。头很短，但眼很发达，口长在头顶上，口腔内有

乌 贼

角质的颚，能撕咬食物。

乌贼的足生在头顶上，所以又称头足类。乌贼就是靠这些长足捕捉食物并当作作战武器的，因此，海洋中的弱小生命都是它手下的残兵败将，就连海中巨物——鲸，遇见长达 10 多米的大乌贼也难以对付。

拓展阅读

软体动物基本特征

软体动物的形态结构变异较大，但基本结构是相同的。身体柔软，具有坚硬的外壳，身体藏在壳中，借以获得保护，由于硬壳会妨碍活动，所以它们的行动都相当缓慢。不分节，可区分为头、足、内脏团三部分，体外被套膜。足的形状像斧头，具有两片壳。

世界上有许多军事发明，都是科学家在探索动物奥秘中得到启迪而发明的。潜艇设计者们仿效设计成鱼雷诱饵。现在鱼雷诱饵酷似一艘袖珍潜艇，既可按潜艇的航向航行，航速不变；也可模拟噪音、螺旋桨节拍、声信号和多普勒音调变化等。正是它这种惟妙惟肖的表演，令敌潜艇或攻击中的鱼雷真假难辨。

知识小链接

鱼雷简介

鱼雷是一种水中兵器。它可从舰艇、飞机上发射，它发射后可自己控制航行方向和深度，遇到舰船，只要一接触就可以爆炸。用于攻击敌方水面舰船和潜艇，也可以用于封锁港口和狭窄水道。

雄海马的“分娩”

在热带和亚热带水域近岸地区的海洋中，栖息着一种奇特而珍贵的小型鱼类，它具有马的面孔，龙的身躯，人们叫它“海马”，亦称“龙落子”。

海马吻呈长管状，口在前端，背鳍、臀鳍、胸鳍均不分支，鳃退化很多，鳃孔小，呈裂缝状，身体侧扁，体表覆有环状骨板，头与躯干成直角，头形似马头，胸腹部突出，尾四棱形细长，并能依靠尾部的弯曲，缠绕在海藻或漂浮物上进行休息。

海马游泳时十分有趣，身体垂直地立在水中，利用背鳍的运动以及身体的屈和伸作直升、直降的游泳。

海马身体的前后部不会动，但它的视力发达，眼睛能经常转动，找准猎物后，把筒状的嘴靠近猎物，随着一种特殊的声音，猎物随着水流被吸入嘴里。

海马不仅长相奇特，它的生育方式也很有趣。雄性海马代替雌性海马担负起了怀孕及生育的职责。

雄性海马的尾部下方有一个由两层褶皮连接形成的袋子，叫孵卵袋，到了生殖季节，许多雄海马互相靠近，继而分开，开始了旋转木马般的游动。

这种行为是相互刺激而进行的，这样的表演要进行很长一段时间。当它们浮出水面时，孵卵袋由于摇摆的作用而胀起。如果雄性海马脑袋后扬，尾巴低垂并在水底游动，这表明雄性要开始交尾。雄性尾部向前弯曲，使孵化袋收紧，排出袋内的水。然后让水再次注满，这种过程会逐渐激烈而频繁。

雌雄海马交配之前也要表演一番，它们做着旋转木马般的游戏，身体相互触碰，由水下至水上，再由水上至水下。这样的舞蹈要持续几个小时。交配时雌性海马把生殖乳头插入孵化袋中，10 分钟后，当数百枚橘红色的卵塞满孵化袋，雄性海马便会沉入水底，找块安静的水域照顾它的后代。

受精卵经过 3 周的发育，孵化出小海马，当小海马出生时，它们的爸爸用弯起的尾部缠住水草，身体前后摆动，孵化袋慢慢张开，依靠肌肉的收缩，把小海马一只只地挤出来。每批约 1 ~ 20 只。此时的小海马便要远离父母的保护，在海洋中独立生存了。

小海马经过 3 个月的时间便可以长成成熟个体。

变脸的章鱼

澳大利亚海洋生物学家，在印尼海域发现一种特殊的章鱼，它在遇险时可乔装成其他海洋生物躲避灾害，这种章鱼是目前唯一被人们发现的能乔装其他生物的海洋动物。

章　鱼

这种章鱼能将其他生物模仿得惟妙惟肖，例如当它被小丑鱼袭击时，便会将它的8条腕足卷成一条，扮成海蛇吓退敌人；或者收起腕足，模仿成一条全身长满含有剧毒腺的鱼，降低袭击者的胃口，从而脱身；再就是伸展腕足，扮成有斑纹和毒鳍刺的狮子鱼，使敌人望而生畏。

那么章鱼的伪装是如何完成呢？科学家发现，章鱼有8条腕足，每一条都具有发达的神经系统，可不受大脑约束，自行控制腕足末梢的伸缩流程。章鱼大脑的作用在某种程度上类似公司的首席执行官，只做重大决定，细节问题的处理权则交给下属。这是科学家首次在动物王国里发现的异常特性，也就是章鱼脑力关系多元神经的科学特征。近年来，科学家一直在研究章鱼，以求了解如何制造具有章鱼腕足那样无限运动程度的机器手臂，以便通过更好、更柔软的机器手臂来完成医学和军事的高难度活动技巧。

基本小知识

腕　足

腕足，某些有机体较大的部分或整个有机体所连接的细狭的部分。低等动物如乌贼、章鱼等生长在口四周能蜷曲的器官，上面有许多吸盘，用以捕食、运动并防御敌人。

聪明能干的海狮

海狮是海洋中的食肉类猛兽，吼声如狮，个别种类颈部长有鬃毛，又很像狮子，故而得名。海狮的鳍脚较长，以鳍脚和尾部为支撑，能在陆上站立和行走，速度很慢。主要生活于南极海洋性岛屿周围海域。

海狮游泳的本领很高，在水中可以很轻松地捕鱼，最高可以潜入 270 米深的海底。它的四脚像鳍，很适于在水中游泳。海狮的后脚能向前弯曲，使它既能在陆地上灵活行走，又能像狗那样蹲在地上。

虽然海狮有时上陆，但海洋才是它真正的家，只有在海里它才能捕到食物、避开敌人，因此一年中的大部分时间，它们都在海上巡游觅食。

海狮是一种十分聪明的海兽。经过驯养之后的海狮，能表演顶球、倒立行走以及跳越绳索等技艺。

海狮的胡子比耳朵还灵，能辨别几十海里外的声音。自古以来，物品沉入海洋就意味着有去无还，可是在科学发达的今天，一些宝贵的试验材料必须找回来，比如从太空返回地球时溅落于海洋里的人造卫星，以及向海域所做的发射试验的溅落物等。当水深超过一定限度，潜水员也无能为力。

海狮凭着高超的潜水本领，能够帮助人们来完成一些潜水任务。专家针对海狮嘴馋，特别喜欢吃鱼和乌贼的习性，对它进行打捞训练。通过训练，海狮能朝着音响信标潜游达 230 米深。音响信标发出音响信号，海狮能在 550 多米的距离上听到。

给它戴上抓取设备，它便可按照人的指令下海执行打捞任务。美国海军特种部队中的一头海狮，在一次执行任务中，在一分钟内将沉入海底价值 10 万美元的火箭取上来。美海军已经把训练有素的“海狮兵”正式编入近海作战部队，专职潜水打捞。

为什么说海星浑身都是“监视器”

海　星

大多数海星是负趋光性，不喜欢光亮，所以大多在夜间活动。在海星体内，每个辐射腕内有一主要的管道，且皆和位于口区的管道相连。多数的海星，位于身体表面的多孔板子与圆形管道相接，可让水流进入并与体液相混。由每个主要管道延伸出来，位于侧面的短管将水分输入送到管足。每个管足都有一个肌肉质的壶腹。当壶腹收缩，其内的液体被迫进入管足，使其伸长。管足可持续改变其形状，因水管系统内的液体可借由肌肉的活动持续不断地传入管足中。

浑身都是棘皮的海洋动物“海星”有着奇特的星状身体，它盘状身体上通常有5只长长的触角，但看不见眼睛。人们总以为海星是靠这些触角识别方向，其实不然。美、以两国科学家的最近研究发现，海星浑身都是“监视器”。

海星缘何能利用自己的身体洞察一切？原来，海星在自己的棘皮皮肤上长有许多微小晶体，而且每一个晶体都能发挥眼睛的功能，以获得周围的信息。科学家对海星进行了解剖，结果发

你知道吗

什么是透镜

透镜是由透明物质（如玻璃、水晶等）制成的一种光学元件。透镜是折射镜，其折射面是两个球面（球面一部分），或一个球面（球面一部分）一个平面的透明体。它所成的像有实像也有虚像。透镜一般可以分为两大类：凸透镜和凹透镜。

现，海星棘皮上的每个微小晶体都是一个完美的透镜，它的尺寸远远小于现在人类利用现有高科技制造出来的透镜。

海星棘皮中的无数个透镜都具有聚光性质，这些透镜使海星能够同时观察到来自各个方向的信息，及时掌握周边情况。科学家认为，海星棘皮具有高度感光性，它能通过身体周围光的强度变化决定采取何种隐蔽防范措施，另外还能通过改变自身颜色达到迷惑“敌人”的目的。科学家说，海星身上的这种不寻常的视觉系统还是首次被发现。科学家预测，仿制这种微小透镜将使光学技术和印刷技术获得突破性发展。

僧海豹怎样谈恋爱

僧海豹的交配很有意思。其他种类的海豹交配时都是在岸上或者在冰上进行，唯独僧海豹是在水中进行交配的。雄僧海豹一旦发现发情了的雌僧海豹，就会对其穷追不舍，当雄僧海豹追上雌僧海豹后，会用身体使劲地摩擦雌僧海豹，直到雌僧海豹同意交配。双方达成“协议”以后，就开始了结婚仪式。

僧海豹

它们先是将头伸出水面互相吼叫一阵，然后潜入水中跳一阵“圆圈舞”，它们左翻右转，在身后留下一串长长的尾浪，雌雄僧海豹在翻滚的过程中还时不时扭过头互相咬上一口。婚礼进行到一定的时候，雌僧海豹会猛然下潜，躲到海底参差不齐的岩石缝中，雄僧海豹在后面也会紧跟过去，雌僧海豹把整个石缝占得满满的，雄僧海豹也想挤进去，但毫无办法，最后雄僧海豹咬着雌僧海豹的尾巴，把它从石缝中拉出来。

这时原来来回乱窜、狂躁不安的雌僧海豹突然变得温顺起来，一动不动地趴在水底等待交配，大约 1 分钟后，雌雄僧海豹分开了，交配也就完成了。完成了任务的雌雄僧海豹随后就各自游开了，以后不再有什么瓜葛。

拓展阅读

古人对僧海豹的记载

在历史上，僧海豹有着极好的口碑和记载。根据古希腊神话记载，海神波塞冬和太阳神阿波罗都曾保护过僧海豹，因为这种动物酷爱大海和太阳。生活在公元 4 世纪的亚里士多德曾在文章中提到过僧海豹。

鲸鱼的集体自杀之谜

发生在鲸族里的“集体自杀”，一直是个不解之谜。1979 年 7 月 17 日，加拿大欧斯海峡狭长的沙滩上，突然从海中冲上来一大群不速之客——鲸，足有 100 余头。这群鲸集体冲上海滩自杀的消息在当地引起了很大的轰动。

鲸鱼集体搁浅

其实，有关鲸集体自杀的事，在世界其他一些海域也曾发生过。早在 1784 年，法国海岸就发生过这类怪事。这年 3 月 13 日，在奥捷连恩湾里，只见一群抹香鲸趁涨潮时游上海滩，退潮时，也不肯游去。结果有 32 头鲸搁浅在沙滩上，吼叫之声在数千米外都能听到。最后，这群抹香鲸活活干死在沙滩上。当时，人们还没有援救鲸的意识，只是眼睁睁地看着它们“自杀”。到了 20 世纪六七十年代之后，人们慢慢有了援救鲸类的意识，然而事情并不那么简单。

1970 年 1 月 11 日，在美国佛罗里达州的一处海滩上，一大群逆戟鲸不顾一切冲上海滩，冲上来的达 150 余头。海岸警备队发现了它们，立即把它们拖回到海里，可是它们又冲上岸，个个都是“宁死不屈”的样子。最后那些冲到海滩上的，全部干死了。这个事例说明，鲸冲上海滩，并不是误入歧途，而是它们完全不想活了。说它们是“自杀”一点儿也不过分，而且是地地道道的集体自杀。

拓展阅读

海上霸王：逆戟鲸

逆戟鲸是一种大型齿鲸，身长为8～10 米，体重 9 吨左右，背呈黑色，腹为灰白色，有一个尖尖的背鳍，背鳍弯曲长达 1 米，嘴巴细长，牙齿锋利，性情凶猛，食肉动物，善于进攻猎物，是企鹅、海豹等动物的天敌。有时它们还袭击其他鲸类，甚至是大白鲨，可称得上是海上霸王。

鲸为什么要集体自杀呢？几十年来，不少人在研究这个问题，得出的结论也不一致。有人说，鲸自杀可能是鲸群中的领头鲸神经错乱而导致的结果。有的认为，鲸自杀可能是这群鲸患了某种我们人类还弄不清的疾病所致。还有人说，可能是鲸群追捕食物误入浅滩搁浅的缘故。总之，众说纷纭，莫衷一是。不过，这些说法都不能使人信服。

为了揭开鲸集体自杀之谜，许多科学家进行了大量深入的研究工作，取得了不少的进展。荷兰科学家杜多克收集整理了 133 例鲸自杀的事例。他发现，鲸自杀的地方，在地球各个角落都有，通常是在低海岸、水下沙滩、沙地或是淤泥冲积地区的海角。鲸有精确的回声定位器官，发生自杀时，往往是因为鲸的测定方位器官受到干扰，以致导航系统发生困难而自杀的。造成回声定位系统失灵的主要原因是遇到了缓斜沙质海底。

另一个原因，是鲸在捕捉食物时，由于声波系统紊乱造成的。俄罗斯的学者认为，鲸集体自杀的原因是出于一种保护同类的本能。据1985年美国科学家的一份研究报告说，从212例鲸和海豚集体自杀的事例分析，凡是发生鲸类自杀的地方，全都是磁场最弱的地方。这意味着什么呢？它与鲸的集体自杀有必然联系吗？目前还没有最后的答案，鲸集体自杀之谜还有待进一步探索。

广角镜

鲸的祖先

21世纪初，科学家在巴基斯坦发现了两种生活在约5000万年前的哺乳动物化石。这两种动物看起来有点像狗，体型分别只有狼和狐狸那么大，但科学家认为它却是地球上最庞大的动物鲸的祖先——巴基兽。在很遥远的古代，鲸的祖先生活在陆地上。后来环境发生了变化，鲸的祖先生活在靠近浅海的地方，它们的前肢和尾巴渐渐变成了鳍，后肢完全退化了，整个身子成了鱼的样子，适应了海洋的生活。

“龙涎香”的制造者——抹香鲸

抹香鲸又叫真甲鲸，隶属齿鲸亚目抹香鲸科，是齿鲸亚目中体型最大的一种，身长一般在10～20米，体重一般15～25吨，最重可达60吨。雄性最大体长达25米，雌性17米，体呈圆锥形，头部约占体长的三分之一，呈圆桶形，上颌齐钝，远远超过下颌。由于其头部特别巨大，故又有“巨头鲸”之称。

抹香鲸这种头重脚轻的体型极适宜潜水，加上它嗜吃巨大的头足类动物，它们大部分栖于深海，抹香鲸常因追猎巨乌贼而屏气潜水长达1．5小时，可潜到 2200 米的深海，可以说是哺乳动物潜水冠军。

抹香鲸的食物不是甲壳纲的磷虾之类，而是头足类的软体动物乌贼和章鱼，有时也捕食鲨鱼。因此，它喜欢生活在比较温和的水域，因为乌贼和章鱼之类的软体动物一般都生活在南纬 60°以北的海洋中。为了捕食凶顽狡猾的章鱼和水中劲敌鲨鱼，抹香鲸往往要同它们展开一场场惊心动魄的搏斗，付出巨大的代价，它那胖胖的脑袋上常常是伤痕累累。抹香鲸通常倚仗着它的大脑袋作为防御和进攻的武器。不论在情场搏斗，或是在遇险拼命时都是昂起脑袋死撞硬顶。

在鲸类的“爱情生活”中，一般说来须鲸是比较专一的。它们往往是一夫一妻，白须偕老。但齿鲸类的抹香鲸则一夫多妻，朝三暮四。经常有数十条雌鲸簇拥着它，期待着它“御驾宠幸”，逐一承欢。有时候突然窜来一位“不速之客”，贸然闯进它的“禁苑”，并放肆调戏它的“宠妃”，它便醋性大发，奋力迎击，双方均以每小时 22 千米的游速、带着一二十米的身躯、二十来吨的重量，摇头晃脑，对头猛撞。经过一场激烈的厮杀之后，往往是交战双方都落得头破血流，两败俱伤。

抹香鲸常与无脊椎动物之最的大王乌贼展开一场刀光剑影的相互残杀，大王乌贼最大者达 18 米，重 30 吨。有人曾在热带海洋看到抹香鲸与巨乌贼搏斗的激烈场面，它们从深海一直打到浅海，不是抹香鲸吃掉大王乌贼，就是大王乌贼用触腕把鲸的喷水孔盖死使巨鲸窒息而死，那样，抹香鲸反倒成为大王乌贼的“美餐”了。

抹香鲸对巨乌贼的嗜好，是一种最珍贵的海产品——“龙涎香”的来源。名贵的龙涎香自古以来就被人认为是一种不可多得的宝物。至今仍价格昂贵，每千克从近 100 美元到数百美元不等。这种宝物的来源过去一向是费人猜度的秘密，其实它只不过是抹香鲸患消化不良症之后在肠胃里积存的一种废物。

通常，抹香鲸把巨乌贼一口吞下，但消化不了乌贼的鹦嘴。它们逐渐在小肠里形成一种黏稠的深色物质，呈块状，重 100 ~ 1000 克，其最大直径可达 160 多厘米，这种物质即为“龙涎香”。龙涎香原是一种带有灰黄色、深灰色或稍呈褐色的貌不惊人的蜡状物，它储存在结肠和直肠内，刚取出时臭味难闻，干燥后呈琥珀色，引火能燃，火焰蓝色，芬芳四溢，味同麝香，存放一段时间的龙涎香也会逐渐发出香味。

龙涎香的大小不等，形状各异，小的几十克，大的曾有过400多千克。因为它的用途广泛，气味奇特，被人们称为“漂浮的黄金”。它的密度仅0.9，熔点大约在60度上下，能溶解于酒精。龙涎香过去一直被用来作为制造芳香剂和兴奋剂的高级原料，是使香水保持芬芳的最好物质，用于香水固定剂，到后来才渐渐被广泛应用到制作雪花膏和口红等大众化化妆用品中。

为什么称座头鲸是海洋中的“歌唱家”

水中杰出的“歌唱家”当推“座头鲸”。1971年，美国生物学家对从海上录下的“座头鲸”发声进行了分析，发现了极其特殊的声音信号。原来这些“座头鲸”发出一连串优美动听、调子不一的婉转歌声。这些声音延续约30分钟，然后从头唱起，从抑扬顿挫、轻曼悦耳的程度判断，可与鸟儿歌唱媲美。

座头鲸

座头鲸，多成对活动，性情温顺，同伴间眷恋性很强。每年进行有规律的南北洄游：夏季洄游到冷水海域索饵，冬季到温暖海域繁殖。游泳速度较慢。主食小甲壳类和群游性小型鱼类。常发出类似“唱歌”的繁杂声音，为动物学家所关注。雌鲸每两年生育一次，孕期约10个月，每胎产1仔。寿命为60—70年。

法国生物学家曾于夜里在百慕大群岛，记录了上百头座头鲸参加的“大合唱”。鲸群发出的上千种音响，有婉转的颤音、尖厉的吱吱声、吼叫声、嗡嗡声，很像一群大声温习功课的小学生在朗诵。“合唱”是先由一头开始，其余的鲸陆续参加“唱和”。科学家将鲸鱼历年唱的歌加以比较，还发现同一年内所有鲸都唱同样的歌，第二年方换新歌。

座头鲸每年洄游返回出发地时，先唱去年在此地唱的歌，然后才换新歌。另外，即使相隔甚远，大西洋百慕大群岛的鲸和太平洋夏威夷群岛的鲸唱的歌，初听好像两样，细分析，歌的结构和变化规律都是相同的。如有的歌都有6个主题，有完全相同的乐段。这两地的鲸肯定不会接触，但唱的曲调如此相同，说明它们内在有一套等同的规律。

座头鲸大部分栖息于太平洋一带，目前总共只剩下4000头左右，被列入《濒危野生动植物种国际贸易公约》，中国黄海、东海、南海也有分布，是国家二级重点保护野生动物。

海　豚

海豚是哺乳类动物，原先栖息于陆地，后来进入水中生活，用肺呼吸。海豚似乎永远不眠不休地四处游动，若它们在水中持续睡觉，海豚将因无法呼吸而死。难道它们真的不用睡觉？若会睡觉，它们是睡在陆地，还是睡在海中呢？

海　豚

专家们对海洋中和水池中的海豚分别进行了观察，所得出的结论是，海豚昼夜二十四小时都处于运动之中。前些年，苏联科学工作者通过脑电流扫描术详细地研究了一种叫作“阿法林”的海豚的睡眠问题。研究结果表明，

“阿法林”睡觉的方式很特殊，它的大脑的两半球从来也不是同时进入睡眠状态，它们的左、右脑半球是轮流休息的。

那么，是否所有海豚的睡眠方式都是如此呢？为此，苏联学者又对黑海里的“亚速夫卡”海豚进行研究。经观察表明，不管是白天，还是黑夜，它们总是以每分钟50米的速度游动着。而且，无论是在轻度睡眠，还是在熟睡过程中，它们的游动都会激起水波。脑电流扫描术的密码表明，“亚速夫卡”在睡眠时，也仍有一半大脑在工作，只不过大脑右半球的工作时间比左半球的工作时间要长一半罢了。目前，对于海豚的睡眠问题，有关专家正在进一步探索。

海豚特别珍重死去同伴的尸体，绝不允许其他海洋动物的撕咬吞噬。当同伴死后，会有几十上百的海豚簇拥着它的尸体，像守灵一样长达10多天，直到尸体开始腐烂而不会被其他海兽啃啮为止。

海豚是人类的好朋友，因此，关于它们助人为乐的精神，大家赞不绝口。1871年夏天，大雾笼罩了新西兰海岸，一艘海船像一片树叶似的，在险恶的暗礁群中颠簸。船长绝望地叫道：“天啊，我们完了……”

突然，船长发现前面不太远的海面上有一个白点。他加快船速追上了白点，原来是一只白海豚。船长想了想，决定跟着这条海豚前进。海豚好像是专门为这条船而来的，它带领海船穿过浓雾，绕过暗礁，海船顺利地到达了安全区，而这时，海豚却不见了。

广角镜

睡眠与健康

睡眠占据着人类生命进程的三分之一，是生命的必需过程。现代研究证实，接近80余种疾病都与长期失眠有关，在影响人类寿命的7种因素中，睡眠是其中最重要的一项。失眠成为了人类的无形杀手。因此，保证良好的睡眠，提高睡眠质量，是我们远离疾病、拥有健康体魄的保障。

从此，每艘海船经过这里，都会遇到这个奇怪的“领航者”。尽管这个礁石密布的地区很危险，但是，自从有了这条白海豚领航，没有一条船触过暗礁。有一次，白海豚又为一艘海船领航，船上的一名旅客认为海豚领航是魔鬼在作怪，就偷偷开枪把它打伤了。可是几个星期以后，这条“心地善良”的海豚又出现了。为了保障经过这个地区的海船的安全，新西兰政府专门召开会议，并颁布了一条法令：任何人不准伤害这条海豚。从此，这条海豚更忠心耿耿地为来往的每一艘海船领航。多少个日日夜夜过去了，这个地区从未出现过事故。直到1912年，这条白海豚才从海面上消失了，路过这里的人们都为失去这样的好朋友而黯然神伤，不知道我们的这个“朋友”是不是已经永远地离我们而去。

> **趣味点击　海豚的智力**
>
> 海豚具有与众不同的智力。它的大脑体积、质量也是动物界中数一数二的。目前，科学家对动物的智力有两种不同的见解：一种认为黑猩猩是一切动物中最进化、最能干的；另一种却认为海豚的智力和学习能力与猿差不多，甚至还要高一些，因而有人称海豚为“海中智叟”。

虽然这条白海豚为人类船只领航40多年在科学上还是个谜，但是，人们在心底却永远记住了人类忠实的朋友——白海豚！

海洋“巨人”——鲨鱼

鲨鱼早在恐龙出现前的3亿年前就已经存在于地球上，至今已超过4亿年，它们在近1亿年来几乎没有改变。最小的鲨鱼是“侏儒”角鲨，小到可以放在手上。它长二三十厘米，重量还不到500克。世界上最大的鲨鱼是鲸鲨，长可达18米，重可达4吨。

鲨鱼最敏锐的器官是嗅觉器官，它们能闻出数里外的血液等极细微的物质，并追踪出来源。鲨鱼除了具有人类的5种感觉器官，还有其他的特异功能，例如它们具有第六感“感电力”，鲨鱼能借着这种能力察觉物体四周数尺的微弱电场。它们还可借着机械性的感受作用，感觉到200米外的鱼类或动物所造成的震动。

大白鲨

大白鲨是个擅长伪装的掠食者。大白鲨由于身体庞大，并不像其他鲨鱼那么灵活。但大白鲨却是绝佳的猎人，因为它总能出其不意地发动攻击，它的上半身颜色很暗，下半身很明亮，它们能借着这种保护色悄悄地逼近猎物。当它从下方来袭时，由于它的颜色和深海接近，直到它发动攻击时才会被发现。它很少从上方攻击，但它从上方来袭时，白色的下侧和海水反映出的明亮天色融为一体。

知识小链接

人的感觉器

人的感觉器是指机体内的特殊感受器，如视、听等感觉器，其构造包括感受器及其附属器。感觉器种类繁多，形态功能各异。有接触外界环境的皮肤内的触觉、痛觉、温度觉和压觉等感受器，也有位于身体内部的内脏和血管壁内的感受器。

鲨鱼，在古代叫作鲛、鲛鲨、沙鱼，是海洋中的庞然大物，所以号称“海中狼”。鲨鱼的鼻孔位于头部腹面口的前方，有的具有口鼻沟，连接在鼻口隅之间，嗅囊的褶皱增加了与外界环境的接触面积。鲨鱼属于软骨鱼类，身上没有鱼鳔，调节沉浮主要靠它很大的肝脏。根据化石考察和科学家推算得知，鲨鱼早在3亿多年前就已经存在，至今外形都没有多大改变，这也说明它的生存能力极强。

为什么称鲨鱼为海洋“猎手”

鲨鱼身体坚硬，肌肉发达，身体多呈纺锤形。口鼻部分因种类而异，有尖的，如灰鲭鲨和大白鲨；也有大而圆的，例如虎纹鲨和宽虎纹鲨的头呈扁平状。垂直向上的尾（尾鳍），大致呈新月形，大部分种类的尾鳍上部远远大于下部。

鲨鱼游泳时主要是靠身体像蛇一样地运动并配合尾鳍像橹一样地摆动向前推进。稳定和控制主要是运用多少有些垂直的背鳍和水平调度的胸鳍。鲨鱼多数不能倒退，因此它很容易陷入像刺网这样的障碍中，而且一陷入就难以自拔。鲨鱼没有鳔，所以它在水中的沉浮主要由肝脏储藏的油脂量来控制。鲨鱼密度比水稍大，也就是说，如果它不积极游动，就会沉到海底。它游得很快，但只能在短时间内保持高速。

鲨鱼为什么没有鳔，这里有一个传说：在很久以前，上帝创造了鱼，鲨鱼只是一种小鱼。有一天上帝忽然想到了鱼的贡献，就想赏赐所有鱼一个鳔。但是顽皮的小鲨鱼却在玩耍，等到小鲨鱼知道后，上帝已经走了。小鲨鱼只能不停地游，游啊游，越游越强壮。千年后，上帝来巡察发现鲨鱼最强壮，觉得很奇怪，他对每条鱼都很公平啊！为什么就只有鲨鱼是这样？他问鲨鱼为什么，鲨鱼回答说：“因为当年我的祖先没有得到您的恩赐，所以它只能不停地游，越游就越强壮了！”

这个传说也验证了一个事实，大千世界，事物之间往往存在着极其有趣的辩证关系。鲨鱼有多种优势：强健的身体、锋利的牙齿、敏感的神经、敏捷的身手。而这多种本事的形成却正因为缺少鱼鳔。鱼鳔对于鱼来讲是很重要的，当鱼想上浮时，它就将鱼鳔充满气体；当鱼想下潜时，它就放出鱼鳔中的气体使其变小，这样，鱼就靠鱼鳔来进行上浮和下潜，极为灵活。而没

有鱼鳔的鲨鱼只能靠不停地游动才能保证身体不至于沉入水底。因而，不停地运动就是鲨鱼的生存状态，不运动，鲨鱼就有性命之忧。也就是靠不停地运动，使鲨鱼的体魄保持了强健，强健的体魄使鲨鱼成了鱼类中的强者。由此看来，生存的压力使鲨鱼成为勇士。

鲨 鱼

以前，人们都普遍认为鲨鱼从不睡觉。但是据美国佛罗里达州自然历史博物馆研究人员的观察，白鳍鲨、虎鲨和大白鲨其实是睡觉的，它们是白天睡觉，晚上出来活动。其他种类如护士鲨通过气孔，迫使水通过鳃，提供稳定的富氧水，使它们在静止不动时可以呼吸。支配游水的器官——中央测试信号发生器位于脊髓，它让鲨鱼可以无意识地游泳。只是因为鲨鱼没有眼睑，所以无法判断它是否在睡觉。

基本小知识

脊 髓

人和脊椎动物中枢神经系统的一部分，在椎管里面，上端连接延髓，两旁发出成对的神经，分布到四肢、体壁和内脏。脊髓的内部有一个 H 形灰色神经组织，主要由神经细胞构成。脊髓是许多简单反射的中枢。

一提起老虎，人们往往会有“谈虎色变”之感。但鲨鱼捕捉食物比老虎更胜一筹，它可充分利用自己独特的嗅觉，探测食物存在的方向和位置，而老虎只是用眼睛和鼻子寻找食物。

鲨鱼性格极为凶猛，难怪人们对它存有较大的偏见，认为它是那么的原始和愚笨。其实，鲨鱼不但具有高度发达的脑子，能借助电磁场导航，能将信息储存在大脑的中心部位，而且可直接把信息发送到运动神经系统；并且凭借敏感的嗅觉维持全部生命活动。因此，嗅觉对鲨鱼更显得十分重要。

鲨鱼在海水中对气味特别敏感，尤其对血腥味，它可以嗅出水中十万分之一浓度的血肉腥味来。伤病的鱼类不规则的游弋所发出的低频率振动或者少量出血，都可以把它从远处招来，它的嗅觉甚至超过狗的嗅觉。日本科学家研究发现，在1万吨的海水中即使仅溶解1克氨基酸，鲨鱼也能觉察出气味而聚集在一起。如雌鲨鱼临分娩之际，即使在大海里漫游千里之后，仍能沿着气味逆游回到它的出生地生活。1米长的鲨鱼，其鼻腔中密布嗅觉神经末梢的面积可达4842平方厘米，如5～7米长的噬人鲨，其灵敏的嗅觉可嗅到数千米外的受伤的人或海洋动物的血腥味。

更有趣的是鲨鱼还能根据各种气味来判别自己的孩子，区别敌人和朋友，使自己经常保持与群体的联系，并能雌雄鲨鱼相约去产卵和排精。由于鲨鱼的嗅觉极为灵敏，非常容易地嗅出它们害怕或厌恶的气味。在海水中含量为800亿分之一的一种人体分泌物——左旋羟基丙氨酸的气味，鲨鱼也可嗅出来。据说曾经有一位钓鲨能手，在后来钓鲨当中，鲨鱼总是不上他的钩，而在同一渔场的其他渔民反而钓的鲨鱼多。鲨鱼为什么害怕这位钓鲨能手呢?经鱼类学家研究发现，那位钓鲨能手曾得过皮肤病，因此留在钓竿上的指纹中含有这种左旋羟基丙氨酸较为丰富。鲨鱼闻到了此种气味，对他自然而然地要退避，不上钩的道理就在于此。

大白鲨是海洋里最厉害的鲨鱼，以强大的牙齿称雄。鱼类怕鲨鱼，而鲨鱼怕海豚。成群的海豚联合起来，有组织地围攻鲨鱼，轮番用有力的鼻子，击撞鲨鱼的体侧部。由于鲨鱼骨骼是软的，防护内脏的能力差，聪明的海豚抓住其要害，拼命地撞击，不让它有喘息之机，直到把鲨鱼的内脏撞坏为止，往往鲨鱼在一场围歼战中很快毙命。

凶狠的鲨鱼的天敌，还有一种叫虎鲸的海洋哺乳动物，因为虎鲸的牙齿非常锋利，而且总是几十只一起出动。鲨鱼一旦遇上虎鲸就马上逃跑，或者将腹部朝上装死，否则就会被虎鲸撕成碎块吃掉。

鲨鱼头部有个能探测到电流的特殊细胞网状系统，被称为电感受器。鲨鱼就是利用电感受器来捕食猎物及在水中自由游弋。美国研究人员对小斑点猫鲨的胚胎进行了研究。通过分子测试，他们在鲨鱼的电感受器中发现了神经嵴细胞的两种独立基因标志。神经嵴细胞是胚胎发育早期形成各种组织的胚胎细胞。人类的神经嵴细胞对人面部骨骼和牙齿的形成起重要作用。这一发现说明，神经嵴细胞从鲨鱼的脑部移至其头部的各个区域，并在其头部发育为电感受器。

鲨鱼除了味觉和触觉，还有两种特殊感觉，一种是旁线神经系统，它是一排神经末梢，分布在身体两侧；另一个特殊感觉是能觉察其他生物发出的细微电荷，叫作落伦兹壶腹，它们都能让鲨鱼感知水里的任何活动。

知识小链接

电荷简介

带正负电的基本粒子称为电荷，带正电的粒子叫正电荷，带负电的粒子叫负电荷。古代人类很早就观察到“摩擦起电”现象，并认识到电只有正负两种，同种相斥，异种相吸，但是，无论是正电荷还是负电荷，都有着吸引轻小物体的能力。

鲨鱼与向导鱼

大家知道，鲨鱼可谓是“海上的霸王”，性情凶猛，一般在海洋中上层活动，它能一口吞下成群的小鱼，还能咬死和吃掉比它大的鱼或其他动物。但奇怪的是，它却从不吞食和它形影不离的小伴侣——向导鱼。向导鱼能在鲨鱼周围游来游去，既敏捷又快速，一点儿也不怕鲨鱼。

趣味点击　向导鱼的其他朋友

除了鲨鱼，向导鱼还同大鳐鱼、鲸交上了朋友。大鳐鱼重达 1 吨，鳍展开的时候，可达 7 米。向导鱼也常常钻进鳐鱼口中，帮助鳐鱼清除口腔中的寄生虫。有时，向导鱼受到攻击，鳐鱼很快就张开大嘴巴，让向导鱼逃入避难所。

向导鱼长仅30厘米左右，青背白肚，两侧有黑色的纵带。它和鲨鱼关系十分友好，每当鲨鱼出征巡猎时，它们就紧随其后，仿佛护驾的卫队一样。有时，向导鱼也游到前面去侦察情况，但会很快地回到自己的原位，可以说是寸步不离。鲨鱼从不伤害自己的小伙伴，还把吃剩的食物赏赐给它们。遇到危险时，还允许它们躲到自己的嘴里。有人认为，向导鱼护卫鲨鱼左右是在帮助这个异种伙伴寻找猎物，因为鲨鱼的视力不佳。但现在有人证实鲨鱼的其他感觉器官很完善，所以认为向导鱼的主要职责可能是给鲨鱼的皮肤打扫卫生。而向导鱼则凭借着朋友的威风来保护自己，并得到一定的食物保障。

不怕冷的鳕鱼

南极洲的万古冰原下究竟有没有生命？这是海洋生物学家特别关心的问题。他们以自己艰苦的实践和探索揭开了这一奥秘。

1977年12月，美国科学家在位于南纬82°22′，西经168°37.5′的罗斯冰障上钻通了深度为420米的冰层，并借助微型的电视摄像机、灵敏度极高的深海温度计捕鱼机和岩层取样机等科学仪器，窥测了冰障下的海底世界，并在那个冰下的奇特世界发现了不冻的海水，还拍摄到逍遥自在地生活在那里的两种鱼的照片：一种鱼像无鳞的龙鱼，另一种则像吸虫类的扁形鱼。

这一新的发现，又为科学家提出了一个很伤脑筋的新鲜问题：在一般情况下，温带鱼的血液都会在-1℃的温度下就冻结凝固，而冰障下的平均水温往往在-1.87℃以下，而这些鱼类为什么能逍遥自在地游动呢？

为了揭开这个奥秘，科学家不得不进行新的探索并勇敢地亲自体验这种寒冷刺骨、甚至能置人于死地的低温环境。智利的科学家就做了这种尝试。他们在南极科学考察站的任务之一，就是要研究罗伯托岛的科珀曼湾一带的鱼类生态。为此，他们不畏严寒，冒险潜水到海底直接了解海底动物的情况并照相，还研究从落潮线到海底岩石顶部一带的海洋动物的生态。

当然，在那种环境下，如果赤身裸体地跳进海水，那么不消一刻钟人就会冻僵成为“冰棍”。为了适应这种环境，人们已经试制成功一种比太空服更臻完善的、叫作“GYM”的潜水衣。穿着这种潜水衣跳进极地海域，不仅可以抵御酷寒，而且在海底工作犹如在平地大气压下一样。美国海洋产业公司、加拿大北极海洋技术公司和法国国家海洋开发中心的研究人员都成功地潜入100到数百米－2℃的海底进行训练，并创造过潜水工作6小时的纪录。

南极的渔业资源极为丰富。据统计，仅食用鱼就有90多种。其中，最受科学家注意的是鳕鱼，尤其是南极鳕。另一种巴塔哥尼亚狗鳕和蓝牙鳕的捕获量也很大。以苏联渔船捕捞这几种鳕鱼的数量为最多。

人们从罗斯海的冰窟窿中捕到一种南极鳕。这种鱼长25厘米到1米左右，重量从几千克到几十千克不等。身体蓝白带有青霜剑色，还有点点杂斑。怪眼圆睁，嘴阔唇厚，显出一副“丑八怪”的模样。但是它的肉细嫩洁白，鲜美可口，非一般鳞鲜可比。这种鱼类除了可作美味佳肴之外，还具有重要的科学研究价值。

据科学家们测定，位于南极罗斯海中的罗斯岛与大陆之间的麦克默多海湾的平均海水温度为－1.87℃，冰洞中的海水冰点为－1.9℃。可是南极鳕在这样低温的海水中却游来游去，十分活跃，有时甚至还能静静栖息在400米深的水域。这些南极鳕对低温的适应性确实令人惊叹，因为它们既没有极地飞禽类丰满的羽毛，又没有南冰洋中哺乳动物赖以御寒的厚实的皮毛和脂肪层，而且它们又是冷血动物，体温和周围环境的温度一样。可是，它们为什么能生存下来，而且显得如此生动活泼呢？人们从它的血液中分离出一种叫作抗冻蛋白质的特殊物质，从而揭开了南极鳕之所以能在冰点水温中愉快地生活的秘密。

近几年来，一些国家的海洋生物学家一直在研究南极鳕的热适应性机理，并取得了可喜的进展。他们在解剖时，从一条几十千克重的南极鳕中放出1000ml左右的血液。经化学分析，发现这种血液中含有一种不寻常的生物化学物质——抗冻蛋白质，这种物质能以独特的方式降低南极鳕血液的冰点。实验证明，如果把这种生物化学物质从南极鳕的血液中析离出去，那么这些鱼的血液在－1℃的温度下就马上会冻结起来。但是当抗冻蛋白质存在于鱼血时，鱼血的冰点就会降到－2.1℃。可见，这种抗冻蛋白质一定有其奥妙的地方。它究竟同普通的蛋白质有什么区别呢？

据科学分析，一般的蛋白质大致由20种氨基酸的结合物组成。氨基酸又按遗传密码以线性链方式结合；而抗冻蛋白则是由两种氨基酸，即丙氨酸和苏氨酸组成。它的组合形式是通过许多三联体重复键合：丙氨酸——丙氨酸——苏氨酸，它的三联体平均数为16。

除了氨基酸外，抗冻蛋白质还含有两种普通的生物醣：一种叫半乳酸醣：另一种叫乙酰替氨基半乳醣。这两种醣在同上述三联体的化学结构中是悬挂在连接苏氨酸的氨基酸链上。抗冻蛋白质不同于普通蛋白质的氨基酸结合形式和它所含有的生物醣，能使它在南极鳕的血液中发挥一种特殊的作用，而这种作用可以使水分子重新组成并不易冻结。因为溶解在血液中的盐和生物分子能使冰点降到0℃以下。

另一个原因是南极鳕肾脏的结构和功能比较特殊。它们的肾没有肾小球，体内分泌的水和废物能直接进入肾小管形成尿液。这种特殊的排泄机构和功能可以保证南极鳕的鱼血内经常维持足够的抗冻蛋白质。这就是鳕鱼之类的南极鱼能在冰点水温中生存的一种生理适应性。

目前，科学家们正在进一步研究南极鳕鱼血液中抗冻蛋白质的结构和特点，弄清它的化学和物理特性，并探讨它对科学研究和生活实践的意义。

会飞的飞鱼

俗话说："海阔凭鱼跃，天高任鸟飞。"其实在动物王国里，除了鸟类之外，还有许多会飞的动物。它们虽然没有鸟类那样令人羡慕的翅膀，但"飞行"起来却毫不逊色，堪称大自然的一大奇观。在浩瀚无边的海洋中，就有许多这样引人注目的"飞行家"。

在我国南海和东海上航行的人们，经常能看到这样的情景：深蓝色的海面上，突然跃出了成群的"小飞机"，它们犹如群鸟一般掠过海空，高低起伏，翱翔竞飞，景象十分壮观。有时候，它们在飞行时竟会落到汽艇或轮船的甲板上面，使船员“坐收渔翁之利”。这种像鸟儿一样会飞的鱼，就是海洋里闻名遐迩的飞鱼。这是一种中小型鱼类，因为它会“飞”，所以人们都叫它飞鱼。飞鱼生活在热带、亚热带和温带海洋里，在太平洋、大西洋、印度洋都可以见到它们“飞翔”的身姿。

飞鱼身体稍长，约20厘米，近乎圆筒形，青黑色，腹部灰白色，胸鳍特别发达，一直长到尾部，像鸟的翅膀。腹鳍大，可以辅助滑翔，尾鳍叉形，下叶比上叶长。飞鱼的飞翔多半是为了逃避敌害的袭击，或靠近船只受到惊吓时才飞，但有时也飞得莫名其妙。成群的飞鱼越出水面，掠过海空，犹如群鸟。

飞鱼的整个身体像织布的“长梭”。它凭借自己流线型的优美体型，在海中以10米/秒的速度高速飞行。它能够跃出水面十几米，空中停留的最长时间是40多秒，飞行的最远距离可达400多米。飞鱼的背部颜色和海水接

拓展阅读

鳍的分类

鳍，是鱼和其他水生脊椎动物适应水中生活的运动器官。就鱼鳍而言一般由皮肤、柔软的鳍条和坚硬不分节的鳍棘构成。由于着生部位不同有背鳍、臀鳍、尾鳍、胸鳍和腹鳍之分，其中前三种都不成对，称为“奇鳍”，后两种与其他脊椎动物的前后肢一样是成对的，称为“偶鳍”。

广角镜

飞鱼岛国

位于加勒比海东端的珊瑚岛国巴巴多斯，以盛产飞鱼而闻名于世。这里的飞鱼种类近100种，小的飞鱼不过手掌大，大的有2米多长。据当地人说，大飞鱼能跃出水面约400米高，最远可以在空中一口气滑翔3000多米。显然这种说法太夸张了。但飞鱼的确是巴巴多斯的特产，也是这个美丽岛国的象征，许多娱乐场所和旅游设施都是以“飞鱼”命名的，用飞鱼做成的菜肴则是巴巴多斯的名菜之一。

近，它经常在海水表面活动。蓝色的海面上，飞鱼时隐时现，破浪前进的情景十分壮观，是大海上一道亮丽的风景线。

多年来，飞鱼的飞行一直是科学家致力研究的课题，随着摄影技术的飞速发展，科学家揭开了飞鱼“飞行”的秘密。其实，飞鱼并不会飞翔，每当它准备离开水面时，必须在水中高速游泳，胸鳍紧贴身体两侧，像一只潜水艇稳稳上升。飞鱼用它的尾部用力拍水，整个身体好似离弦的箭一样向空中射出，飞腾跃出水面后，打开又长又亮的胸鳍与腹鳍快速向前滑翔。它的“翅膀”并不扇动，靠的是尾部的推动力在空中做短暂的“飞行”。仔细观察，飞鱼尾鳍的下半叶不仅很长，还很坚硬。所以说，尾鳍才是它“飞行”的“发动器”。如果将飞鱼的尾鳍剪去，再把它放回海里，由于没有像鸟类那样发达的胸肌，它们是不能“飞翔”的。

飞鱼是各种凶猛鱼类争相捕食的对象，它并不轻易跃出水面，每当遭到敌害攻击的时候，或者受到轮船引擎震荡声刺激的时候，才施展出这种本领来。可是，这一绝招并不绝对保险。有时它在空中飞翔时，往往被空中飞行的海鸟所捕获，或者落到海岛，或者撞在礁石上丧生。有时也会跌落到航行中的轮船甲板上，成为人们餐桌上的佳肴。这种情况往往发生在晚上，因为飞鱼的眼力在白天敏锐，晚上常常“盲目飞翔”。

鱼中的神枪手

射水鱼生活在东南亚和澳大利亚的小河里，它不仅能捕食水中生物，还能享受陆地上昆虫的美味，是自然界的神射手，因为它们有一种特殊的捕猎方式。

射水鱼以捕食昆虫为主。大部分捕食昆虫的鱼，只吃水中的昆虫，对于停留在岸边和掠过水面的陆生昆虫是不闻不问的，而有“神枪手”之称的射水鱼却自有一套捕食昆虫的高超技巧。有“枪”一定要有“子弹”，射水鱼的“子弹”可不是用火药制成的子弹，而是一股水珠，而且命中率很高。

当射水鱼在靠近岸边的水中游动时，眼睛只盯着水面的上空或岸边草丛中。栖息在岸边和水草上的蚊、蝇等昆虫，一旦被射水鱼盯上可就在劫难逃了。它会慢慢地靠近昆虫，当昆虫进入射程以后，它突然从嘴中喷射出一股水珠，水珠以飞快的速度射中昆虫。水珠落回水里以后，水中就多了一具小蚊虫的尸体，这就是射水鱼的美餐。水珠就是射水鱼发射的“子弹”。这种“枪打飞鸟”的捕食方式在鱼类中是极罕见的。

射水鱼的射击技术相当高明，2 米内射出的“水弹”可以百发百中。真是名副其实的神枪手！

拓展阅读

射水鱼的分布

射水鱼原产于亚马孙河、东南亚和澳洲等地的河流与海洋的淡咸水交融处，1766 年被人发现。从东非到澳大利亚沿海地区的碱性河流都有分布。大多生活在印度洋到太平洋一带的热带沿海以及江河中，所以实际上射水鱼是一种半咸水鱼类。

射水鱼为什么会有这么高超的射击本领呢？生物学家用高速摄影机拍摄了射水鱼发射“水弹”的分段动作，才弄清了水中“神枪手”的秘诀。原来，太阳光从空中进入水中，会发生折射，光线折射会产生误差。有趣的是，射水鱼在瞄准目标时，会使自己的身体与水面呈垂直状态，同时，眼睛距离水面也很近，这样发射出去的“水弹”，才能克服光线折射时产生的偏差，从而准确地射中目标。而在射水鱼口腔上还有一条沟，跟舌恰好黏合成一个管子，舌头上下拨动，水便会强有力地从管中像“水弹”一般发射出去。

威德尔海豹的长潜之谜

南极威德尔海豹是优秀的潜水者，它可以潜入 600 米的深海，历时 1 小时之久。这种深潜和长潜的奥秘在哪里？最近，科学家在实验室模拟现场进行了研究，发现潜水时威德尔海豹的生理功能发生很大的变化，以适应下潜的需要。

下潜时，威德尔海豹的心脏跳动立即从每分钟 55 次下降到 15 次，心脏的血流量，从每分钟 40 升降到 6 升。其他大多数器官只能得到正常血量的 5%—10%，但血压正常，依然保持 160 毫米汞柱。

下潜时血糖大量下降，上浮后开始的 5—10 分钟仍然继续下降，但此时心功能却大幅度提高。下潜时由于不能进行呼吸，体内贮存的氧气不久就近乎枯竭，葡萄糖的代谢只能通过无氧酵解的途径变成乳酸，因此，血液中乳酸的浓度很高，达正常值的 3 倍。上浮后乳酸浓度迅速下降。下潜时所需要的能量是由乳酸供应的。

肺的代谢延缓，并能吸收乳酸，这与平时不同，平时海豹的肺是利用葡萄糖而进行代谢的。

令人奇怪的是，那么多乳酸是从哪里来的呢？脑和肺不可能制造乳酸，它一定是从海豹身体的其他部位来的。实验表明，乳酸来自肌肉和皮肤，因为这些部位的血流量很低，仅占 15%。由于血少缺氧，这些器官只能进行无氧代谢，产生乳酸。然而，无氧代谢产生的能量是很少的，怪不得血流量很少的那些器官会消耗那么多葡萄糖，去产生乳酸。

威德尔海豹脑对氧的消耗量极低，这对潜水是很有利的。威德尔海豹血液中含有 1000 毫克分子的氧，脑在 70 分钟仅用去血氧的 3～4%，而人脑在同样时间内要用去血氧的 90%。威德尔海豹心脏在 70 分钟内用去 14% 的氧，而人心脏却是 57%。仅从威德尔海豹脑和心脏的耗氧量来看，它还有延长潜水时间的潜力。

与人相反，威德尔海豹的脑袋小得可怜，只有人脑的 5% 左右。那么一个庞然大物，长着一个不到体重千分之一的小脑袋，这可能是威德尔海豹能适于深潜和长潜的奥秘之一。

吃大鱼的小鱼

历来都是大鱼吃小鱼，可是自然界偏偏还有小鱼吃大鱼的，而且是专吃凶猛的鲨鱼一类的大鱼。鲨鱼最大的有 20 多米长，一口能吞食几十至几百条小鱼。但是它却有个克星，就是小小的硬颚毒鱼。这种鱼身体短粗，背扁腹圆，外皮松弛，除了口缘和尾部之外，满身长有尖锐的棘刺。它吸足空气之后，身体便能鼓成一个圆球，原来倒伏的棘刺立即笔直地竖立进来，变成一根根锋利的尖刺。当大鲨鱼大口吞食鱼群时，硬颚毒鱼便像孙悟空钻进铁扇公主肚子里一般，混进了鲨鱼的大肚皮里，之后它便运足了力气，全身鼓圆，把满身棘刺向鲨鱼胃四周乱撞乱扎。大鲨鱼痛得在海里打滚翻腾也毫无办法。不多一会儿，鲨鱼的胃就被刺穿了，接着两肋的肉也被硬颚鱼啃得血肉模糊。当硬颚毒鱼钻出来时，鲨鱼也就一命呜呼了。

在希腊的可那伊河里有一种旋子鱼，它在水里像旋子那样呈 S 形螺旋式前进。它有一个尖硬的嘴，小鱼碰上它，会被旋得稀烂，马上成了它的美餐。大鱼遇上它，也会被它的硬嘴巴旋得千疮百孔，悲惨死去。如果大鱼吞下了它，那更是大祸临头了。旋子鱼就在鱼肚里到处乱钻乱旋，吃掉大鱼的内脏而使大鱼死去。但旋子鱼也不是无敌的，它最怕河蚌，如果它的硬尖嘴被河蚌壳夹住，即使它拼命旋转嘴巴，也无法脱身，最终成了河蚌的食物。

在我国青岛附近海里也有一种专吃大鱼的小鱼叫盲鳗。由于它长期在大鱼肚里生活，所以双眼已经退化失明。它的样子像鳗鱼，前面是圆棍状，后面是扁圆的尾巴，灰黑的颜色，肚子下方是灰白色，长约20~25 厘米，嘴上有个小吸盘，口盖上长着锐利的像锉刀似的牙齿，舌头也强而有力，伸缩灵活。它先吸附到大鱼身上，然后从大鱼的鳃部钻进腹内，吞吃大鱼的内脏和肌肉，一边吃一边排泄，直到把大鱼吃光为止。它每小时吞吃的东西，竟相当于自身体重的 2.5 倍。

还有一种小小的猛鲑鱼竟能吃掉凶猛的大鳄鱼。这是生长在南美洲的一种鱼，身长不过30厘米。鳄鱼可以吞下一头小猪，可是遇到这种猛鲑也只好甘拜下风了。原来猛鲑的颚骨力量奇大，一口可以咬断钢制鱼钩，人称“锯齿鱼”。它们常常合群出游觅食，如果碰上一条大鳄鱼，它们便会一拥而上用利齿咬住鳄鱼不放，鳄鱼皮再坚固也没用，顷刻之间，几百条猛鲑就可以把巨鳄吃个精光，连骨头也不剩。所以凡是有猛鲑鱼的地方，河流里很难有别的鱼类可以生存。

知识小链接

吸 盘

动物的吸附器官，一般呈圆形、中间凹陷的盘状。吸盘有吸附、摄食和运动等功能。蚂蝗前端的口部周围和后端各有一个吸盘。

会发光的鱼

在海洋世界里，无论是广袤无际的海面，还是万米深渊的海底都生活着形形色色、光怪陆离的发光生物，宛如一座奇妙的“海底龙宫”，整夜鱼灯虾火通明。正是它们给没有阳光的深海和黑夜笼罩的海面带来光明。事实上，在黑暗层至少有44%的鱼类具备自身发光的本领，以便在长夜里能够看见其他物体，方便捕食，寻找同伴和配偶。有些鱼类发光，例如我国东南沿海的带鱼和龙头鱼是由身上附着的发光细菌所发出的光，而更多的鱼类发光则是由鱼本身的发光器官所发出的光。

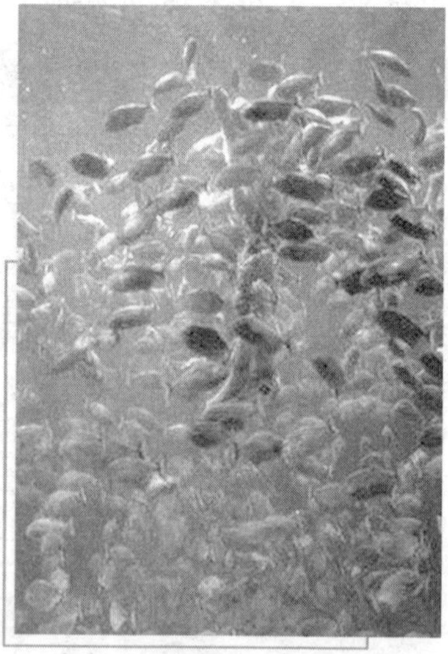

烛光鱼

烛光鱼其腹部和腹侧有多行发光器，犹如一排排的蜡烛，故名烛光鱼。深海的光头鱼头部背面扁平，被一对很大的发光器所覆盖，该大型发光器可能就起视觉的作用。

广角镜

发光细菌的生物特性

发光细菌形态虽多种多样，但生理特性却非常相似。一般对明胶不产生液化，分解蛋白质后不形成毒物，常寄生在各种动物体上引起“发光病”，即寄生发光。这些细菌通常经由寄主的卵传递给后代寄主。有些发光鱼类和乌贼是和发光细菌共生而利用了细菌的发光。

鱼类发光是由一种特殊酶的催化作用而引起的生化反应。发光的萤光素受到萤光酶的催化作用，萤光素吸收能量，变成氧化萤光素，释放出光子而发出光来。这是化学发光的特殊例子，即只发光不发热。有的鱼能发射白光和蓝光，另一些鱼能发射红、黄、绿和鬼火般的微光，还有些鱼能同时发出几种不同颜色的光，例如，深海的一种鱼具有大的发光颊器官，能发出蓝光和淡红光，而遍布全身的其他微小发光点则发出黄光。

鱼类发光的生物学意义有四点：一、诱捕食物；二、吸引异性；三、种群联系、四、迷惑敌人。

基本小知识

酶

酶，指由生物体内活细胞产生的一种生物催化剂。大多数由蛋白质组成（少数为RNA）。能在机体中十分温和的条件下，高效率地催化各种生物化学反应，促进生物体的新陈代谢。生命活动中的消化、吸收、呼吸、运动和生殖都是酶促反应过程。

生活在海洋中的蛇——海蛇

海蛇是一种生活在海洋中的爬行动物，它们在海中能驾驭波涛，能潜游水下，能捕捉鱼虾，能生儿育女。

在距今 2.3 亿至 7000 万年前的中生代晚期，两栖类动物中的一部分终于彻底告别水乡，完完全全在陆上定居了，从而进化为爬行动物——蛇。可是，还有一部分蛇却依然怀恋故乡，再一次返回哺育过它们古老前辈的摇篮，变成我们今天所说的海蛇了。

海蛇喜欢在大陆架和海岛周围的浅水中栖息，在水深超过 100 米的开阔海域中很少见。它们有的喜欢待在沙底或泥底的浑水中，有些却喜欢在珊瑚礁周围的清水里活动。海蛇潜水的深度不等，有的深些，有的浅些。曾有人在四五十米水深处见到过海蛇。

浅水海蛇的潜水时间一般不超过 30 分钟，在水面上停留的时间也很短，每次只是露出头来，很快吸上一口气就又潜入水中了。深水海蛇在水面逗留的时间较长，特别是在傍晚和夜间更是不舍得离开水面了。它们潜水的时间可长达 2—3 小时。

海蛇对食物是有选择的，很多海蛇的摄食习性与它们的体型有关。有的海蛇身体又粗又大，脖子却又细又长，头也小得出奇，这样的海蛇几乎全是以掘穴鳗额为食。有的海蛇以鱼卵为食，这类海蛇的牙齿又小又少，毒牙和毒腺也不大。还有些海蛇很喜欢捕食身上长有毒刺的鱼，在菲律宾的北萨扬海就有一种专以鳗尾鲶为食的海蛇。鳗尾鲶身上的毒刺刺人非常痛，甚至能将人刺成重伤，可是海蛇却不在乎这个。除了鱼类以外，海蛇也常袭击较大的生物。

海蛇的毒液属于最强的动物毒。钩嘴海蛇毒液相当于眼镜蛇毒液毒性的两倍，是氰化钠毒性的 80 倍。

海蛇毒液的成分是类似眼镜蛇毒的神经毒，然而奇怪的是，它的毒液对人体损害的部位主要是随意肌，而不是神经系统。海蛇咬人无疼痛感，其毒性发作又有一段潜伏期，被海蛇咬伤后30分钟甚至3小时内都没有明显中毒症状，然而这很危险，容易使人麻痹大意。

实际上海蛇毒被人体吸收非常快，中毒后最先感到的是肌肉无力、酸痛，眼睑下垂，颌部强直，有点像破伤风的症状，同时心脏和肾脏也会受到严重损伤。被咬伤的人，可能在几小时至几天内死亡。多数海蛇是在受到骚扰时才伤人。

海洋中的游泳冠军

箭鱼在海洋中可算是游泳冠军了，游泳时的平均速度可达28米/秒，连最快的轮船都望尘莫及。

箭鱼性情凶猛。据说，第二次世界大战期间，英国油船“巴尔巴拉”号在大西洋上航行。船员们忽然看到远处一个细长的黑东西，飞快地向油船扑来。顷刻间，发出震耳的响声；接着，海水从一个大窟窿里涌进了船舱。油船是遭到了鱼雷的袭击吗？不是。而是碰上了箭鱼的进攻。这条箭鱼用它那上颌突出的锐利的“剑”穿透了船舷。当它拔出“长剑”后，又接连扎穿了两个地方。最后，箭鱼无力拔出自己的“长剑”，乖乖地当了俘虏。听起来，这很有些传奇色彩。但是，箭鱼攻击船只，把“剑”刺入船体的事儿是不少发生的。在英国的

箭 鱼

博物馆里，有些奇特的陈列品。其中，一艘捕鲸船的 34 厘米厚的木板中间，就嵌着一根长 30 厘米，圆周 12.7 厘米的箭鱼的“剑”；此外，还有一块 55.8 厘米厚的木板，被箭鱼扎穿了个孔。

箭鱼为大洋性上层鱼类，分布于热带、温热带海域，我国见于东海南部外海。其以追捕鱼类为食。当它追逐鱼群时，挺着它能够穿透钢板的“利剑”快速地横冲直撞，被撞着者非死即伤，然后被它慢慢吞食掉。

1967 年苏联《自然》杂志刊载了一份“海中动物的速度比较表”。其中鲸类：鳁鲸 55 千米/小时、长须鲸 50 千米/小时、虎鲸 65 千米/小时、抹香鲸 22 千米/小时；鳍脚类动物：海狗 177 千米/小时、海象 18 ~ 20 千米/小时；鱼类：箭鱼 130 千米/小时、旗鱼 120 千米/小时、飞鱼 65 千米/小时、鲨鱼 40 千米/小时；头足类：枪乌贼 41 千米/小时、金乌贼 26 千米/小时、短蛸 15 千米/小时。由这个统计表中可以看出，海洋中游速最快的非箭鱼莫属。

箭鱼为何具有如此高的游速？原来它有个十分典型的流线型身体，体表光滑，上颌长而尖，尾柄强壮有力，能产生巨大的推动力。当它飞速向前游泳时，长矛般的长颌起着劈水前进的作用。以每小时 130 千米高速前进的箭鱼，坚硬的上颌能将很厚的船底刺穿！

箭鱼也叫剑鱼，因其上颌的形状上下扁平，中间厚两边薄，如同一柄锋利的宝剑。

箭鱼快速游泳的体型为飞机设计师提供了活生生的设计蓝图。设计师仿照箭鱼外形，在飞机前安装一根长“针”，这根长“针”刺破了高速前进中产生的“音障”，这样超音速飞机就问世了。高速飞机的出现，也是仿生

你知道吗

超声速飞机如何产生强大推力

超音速飞机采用的是超声速燃烧冲压发动机，它类属于冲压发动机。冲压是利用迎面气流进入发动机后减速、提高静压的过程。该过程不需要高速旋转的、复杂的压气机。高速气流经扩张减速，气压和温度升高后，进入燃烧室与燃油混合燃烧，温度为 2000℃－2200℃，甚至更高，经膨胀加速，由喷口高速排出，产生推力。

学的一大成功。

气候鱼——泥鳅的奥秘

泥鳅是最为常见的鱼类。浑身滑溜溜的，背部和两侧为灰黑色，全身又布满黑色小斑点，在它的尾柄处有大黑点，小小的眼睛，嘴的周围长着 5 对触须。泥鳅喜欢在静水区的底层栖息着。我国除西北高原地区以外，可以说从南到北的湖泊、池塘、沟渠和水田底层，凡是有水域的地方都有它的踪影。泥鳅的生命力极强，不会因不良环境或生病而死亡。泥鳅的肠子很特别，在它的肠壁上密密麻麻地布满了血管，前半段起消化作用，后半段起呼吸作用。所以，泥鳅在水中氧气不足时，会到水面上吞吸空气，然后再回到水底进行肠呼吸。废气由肛门排出，人们往往能看到水里冒出很多气泡。

泥　鳅

广角镜

泥鳅的营养价值

泥鳅肉质鲜美，营养丰富，富含蛋白质，还有多种维生素，并具有药用价值，是人们所喜爱的水产佳品。泥鳅所含脂肪成分较低，胆固醇更少，属高蛋白低脂肪食品，且含一种不饱和脂肪酸，有利于人体抗血管衰老。泥鳅和豆腐同烹，具有很好的进补和食疗功用。

当天气闷热、即将下雨之前，小泥鳅很难受，此时水中严重缺氧，迫使它们一个劲儿地上下乱窜，犹如在表演水中舞蹈，这正是大雨降临的前兆，西欧人为此称泥鳅为气候鱼。冬季河湖封冻了，泥鳅就钻入泥土中，依靠泥土中极少量的水分使皮肤不至干燥，此时它靠肠进行呼吸来维持生命。待来年解冻时再出来活动。泥鳅产卵从每年的5—6月开始，6—7月为最盛时期。一般卵为黄色，稍有黏性。经过3—4天即可孵化出幼鱼，不过这种幼鱼和别的鱼有所区别，它的鳃条是全部露在外面的，没有养过泥鳅的人，见到这种情况千万不要大惊小怪，以为是什么别的动物，其实它正是泥鳅的幼鱼。泥鳅对环境的适应力很强，繁殖快，肉味鲜美，蛋白质含量高。

独一无二的水下建筑师

石蛾是淡水生态系统的一部分。因为它能食去动物或植物的碎屑而有助于清洁水体。其幼虫及成虫又是许多淡水河溪湖泊鱼类的重要食物，特别是鳟鱼喜食石蛾，因此钓鱼者用作鱼饵的假蝇常做成石蛾的形状。

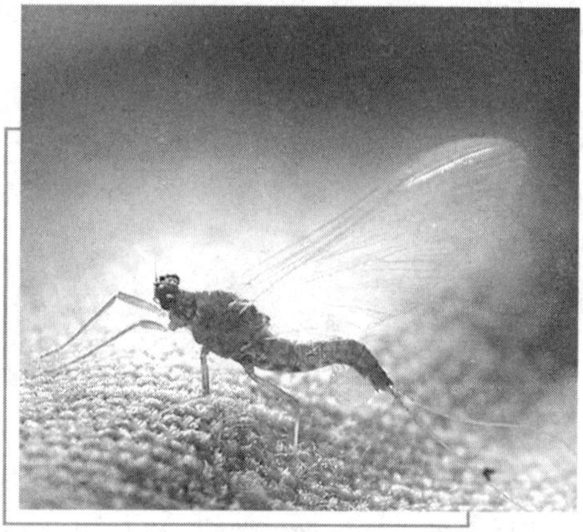

石　蛾

石蛾的雌体将卵产在水面上、水中或水面下的岩石和植物上。数日后幼虫—石蚕—孵出，均生活于淡水中，以藻类、植物或其他昆虫为食，食性依种类而异。许多幼虫经过一个发育阶段后，将巢壳黏附于固体物质上，将其两端封闭，在其内部化蛹；另一些种类则另建一个茧。蛹发育成熟后将巢壳或茧切穿或咬穿，游到水面完成变态，变为成虫。

石蛾幼虫生活在湖泊和溪流中，偏爱较冷而无污染的水域，其生态适应性相对较弱，是显示水流污染程度的较好的指示昆虫。石蛾又是许多鱼类的主要食物来源，在流水生态系统的食物链中占据重要位置。

石蛾，是著名的“水下建筑师”，但和其他的动物与动物建筑不同，石蛾的建筑不是由庞大“社区”组成的巨型结构。相对而言，它们的建筑非常小，却有不寻常的多功能性和更高的艺术水平。这种所谓的“水下建筑师”的幼虫用一切可用材料，例如沙子、贝壳、细枝和废物等，建造可移动“外壳”，以便在成长过程中保护自己，提供天然的伪装。最后，幼虫长出下颚，游到水面上，抛弃它们那特有的建筑作品，展开翅膀，飞到空中。

基本小知识

蛹

在完全变态的昆虫（如苍蝇、桑蚕）中，从幼虫过渡到成虫时的虫体形态叫蛹。处于蛹发育阶段时，虫体不吃不动，但体内却在发生变化：原来幼虫的一些组织和器官被破坏，新的成虫的组织器官逐渐形成。

四眼鱼

在中美洲和南美河流里生活着一种小鱼，长着非常奇特的眼睛，外形似蛙眼，高高地突出在头顶上，构造非常奇特。每只眼睛的中部，从前到后由一条黑色水平线隔成两个均等的部分，瞳孔和水晶体也平分成上下两部分，看起来活像 4 只眼睛，所以人们称它为“四眼鱼”。

四眼鱼

仔细研究就会发现，四眼鱼其实并不是真正具有 4 只眼，而是因为眼球结构十分特殊。四眼鱼的眼球内有一道由上皮细胞构成的结膜通过角膜，同时虹膜又生出两个凸起从中间横亘瞳孔，将眼睛分为上下两个部分，看上去就像是4只独立的眼睛，1对朝上看，1对朝下看。同时，四眼鱼眼内上宽下窄的椭圆形晶体具有特殊的折光作用：从眼球上半区射入的光线通过晶状体聚焦后将成像于视网膜的下半区；反之，从眼球下半区看到的物体又被感知于视网膜的上半区。

目前，世界上许多国家的科学家正致力于研究四眼鱼眼睛独特的生理构造，如果研制成功“四眼鱼镜头”并装备在潜水艇的潜望镜上，那么未来的潜水艇只需升起一根镜管，便可以同时观察到水下、海面、空中的情况，视野大大开阔，作战能力可大幅度提高。

你知道吗

什么是潜望镜

潜望镜是指从海面下伸出海面或从低洼坑道伸出地面，用以窥探海面或地面上活动的装置。其构造与普通地上望远镜相同，唯另加两个反射镜使物光经两次反射而折向眼中。潜望镜常用于潜水艇、坑道和坦克内用以观察敌情。

昆虫类动物的奥秘

昆虫是动物界中无脊椎动物的节肢动物门昆虫纲的动物，其基本特点是体躯三段头、胸、腹，两对翅膀三对足，一对触角头上生，骨骼包在体外部。昆虫的构造有异于脊椎动物，它们的身体并没有内骨骼的支持，外裹一层由几丁质构成的壳。这层壳会分节以利于运动，犹如骑士的甲胄。

昆虫的分布面之广，没有其他纲的动物可以与之相比，几乎遍及整个地球。从赤道到两极，从海洋、河流到沙漠，高至世界的屋脊——青藏高原，下至几米深的土壤里，都有昆虫的存在。这样广泛的分布，说明昆虫有惊人的适应能力，也是昆虫种类繁多的生态基础。

变形虫

在长有水草的池塘中取水，连同水草和腐烂的茎叶一起采集。将池水和水草在没有阳光的地方放置3—5天，液面上便会有黄色泡沫浮现，此时便可从泡沫处发现变形虫。变形虫之所以能改变形状，是因为细胞膜没有细胞骨架、膜骨架。变形虫有随机伸出的伪足，造成体内细胞质流动，所以形态不固定。

知识小链接

原生动物简介

原生动物是动物界中最低等的一类真核单细胞动物，个体由单个细胞组成。原生动物形体微小，除海洋有孔虫个别种类可达10厘米外，最大的约2毫米。原生动物生活领域十分广阔，可生活于海水及淡水内，底栖或浮游，但也有不少生活在土壤中或寄生在其他动物体内。原生动物一般以有性和无性两种世代相互交替的方法进行生殖。

变形虫身体是由一个细胞构成，没有固定的外形，可以任意改变体形，属原生动物，主要生活在清水池塘，或在水流缓慢、藻类较多的浅水中，一般的泥土中有时也可以找到，亦可寄生在其他生物体内。

变形虫能在全身各处伸出伪足，主要功能为运动和摄食。它们一般是以单细胞藻类、小型单细胞动物作为食物。当碰到食物时，变形虫会伸出伪足进行包围，由细胞质里面的食物泡消化。变形虫细胞质里面本身有伸缩泡及食物泡，伸缩泡作用是排除变形虫里面过多的水分，而食物泡的功能则是消化食物养分。消化好的食物会进入周围的细胞质中；不能消化的物质，就会通过质膜排出体外，称为“排遗”。

变形虫与其他生物一样需要利用能量进行呼吸作用。而变形虫的呼吸作用中，所吸入的氧和排出的二氧化碳，都是由细胞膜负责。至于繁殖方式亦相当简单，主要靠有丝分裂繁殖，即原来的遗传物质先复制，然后连同整个细胞一分为二；遗传功能由细胞核负责，跟其他生物一样。

世界上各种生物都有自己的形状和独特的模样，可是变形虫却与众不同，它的身体只有孤零零的一个细胞，细胞由薄膜、细胞质和细胞核组成，没有心肝脾肺肾。但动物的一切生理机能，如运动、消化、呼吸、排泄等，都可以由这唯一的细胞承担。

自古以来，各种动物死了之后，都留下自己的尸体，然而变形虫却死不留尸！原来，当变形虫长大之后，就开始繁殖，由一个分裂而变成两个，这样，老的变形虫就消失了，变成两个新的变形虫。难怪科学家称变形虫为“永远不死”的动物，或者称之为“永生的虫”。

变形虫乃最低等的原始生物之一，唯生存上条件跟多细胞生物一样。由于变形虫结构简单、培殖容易，所以是生命科学试验的主要材料之一。

潜伏在肠道里的窃贼

蛔虫，是一种常见的寄生虫，也作“蚘虫”，属于线虫动物门。蛔虫的形态为灰白色长圆柱状，长约 15～40 厘米，形似蚯蚓。蛔虫寄生在人的小肠中，吸取人腹内的营养物质，靠摄取肠内半消化的食物生存。因此，感染蛔虫易造成儿童营养不良。蛔虫成虫在人小肠内产卵，虫卵随粪便排出人体外。当虫卵存在于水中或附着于水果、蔬菜等表面被人吃入时，又会造成新的

> **你知道吗**
>
> **什么是寄生**
>
> 寄生即两种生物在一起生活，一方受益，另一方受害，后者给前者提供营养物质和居住场所，这种生物的关系称为寄生。主要的寄生物有细菌、病毒、真菌和原生动物。

感染。从小肠到体外，再从人口进入，这就是蛔虫的生存循环过程。

蛔虫病即人或动物（主要为家畜）感染上蛔虫，被蛔虫寄生于小肠，主要因为进食了被虫卵污染的食物而感染。感染蛔虫的情况普遍，而且大多无明显症状，因此往往不被人重视。在中国有些地方，蛔虫被叫作“消食虫”，这种叫法产生的原因是错误地以为蛔虫能帮助人消化。

五毒之首——蜈蚣

蜈蚣，又名天龙、百足、百脚虫等，为蜈蚣科动物。蜈蚣主产于我国江苏、浙江、湖北、湖南、陕西、河南和广西等省区，号称“五毒之首”。

蚰　蜒

蜈蚣第一对脚呈钩状，锐利，钩端有毒腺口，一般称为颚牙、牙爪或毒肢等，能排出毒汁。被蜈蚣咬伤后，其毒腺分泌出大量毒液，顺颚牙的毒腺口注入被咬者皮下而致中毒，一般长 1.5 ~ 3.4 毫米。药用蜈蚣是大型唇足类多足动物，只有 21 对步足和 1 对颚足；“石蜈蚣”只有 15 对步足。还有些蜈蚣的步足又多又短，有 35 对、45 对，最多的达到 173 对。

蜈蚣体形呈扁平长条形，长 9 ~ 17 厘米，宽 0.5 ~ 1 厘米。全体由 22 个环节组成，最后一节略细小。头部两节暗红色，有触角及毒钩各 1 对，背部棕绿色或墨绿色，有光泽，并有纵棱 2 条；腹部淡黄色或棕黄色，皱缩；自第二节起每体节有脚 1 对，生于两侧，黄色或红褐色，弯作钩形。质脆，断面有裂隙。气微腥，并有特殊刺鼻的臭气，味辛而微咸。入药质量以身干、虫体条长完整、头红身绿者为佳。

蜈蚣性畏日光，昼伏夜出，喜欢在阴暗、温暖、避雨、空气流通的地方生活。主要生活在多石少土的低山地带。平原地区虽然有分布，但是数量较少。人工饲养多模拟自然环境，让其栖息于腐木石隙下和荒芜阴湿的茅草地上。蜈蚣白天多潜伏在砖石缝隙、墙脚边和成堆的树叶、杂草、腐木阴暗角落里，夜间出来活动。一般在 10 月天气转冷时，钻入背风向阳山坡的泥土中，潜伏于离地面约 12 厘米深的土中越冬至次年惊蛰后（3 月上旬），随着天气转暖又活动觅食。

蜈蚣钻缝能力极强，它往往以灵敏的触角和扁平的头板对缝穴进行试探，岩石和土地的缝隙大多能通过或栖息。密度过大或惊扰过多时，可引起互相厮杀而死亡。

蜈蚣为典型的肉食性动物，性凶猛，食物范围广泛，尤喜食小昆虫类。它有能射出毒液的颚爪，甚至可杀死比自己大的动物。也有同种互相残杀中毒而致死的现象。蜈蚣所食的昆虫有蟋蟀、蝗虫、金龟子、蝉、蚱蜢以及各种蝇类、蜂类，甚至可食蜘蛛、蚯蚓、蜗牛以及比其身体大得多的蛙、鼠、雀、蜥蜴及蛇类等。在早春食物缺乏时，也可吃少量青草及苔藓的嫩芽。

蜈蚣为卵生。每年春末夏初，卵巢里的卵粒逐渐发育成熟，一般产卵量在 20～60 粒，大多 40～50 粒，个别的 10 粒以下。产卵季节在 6 月下旬至 8 月上旬，即在夏至到立秋期间，而以 7 月上旬、中旬为产卵旺期。产卵前，蜈蚣腹部几乎紧贴地面，自行挖好浅浅的洞穴。产卵时，蜈蚣躯体曲成 S 形，后面几节步足撑起，尾足上翘，触角向前伸张，接着成串的卵粒就从生殖孔一粒一粒地排出。

基本小知识

基节腺

基节腺是节肢动物排泄器官的一种类型，是一种和后肾同源的腺体结构，这些腺体一般为囊状结构，一端是排泄孔，开口在体表与外界相通，另一端是盲端，相当于残留的体腔囊与体腔管。这一结构在甲壳类动物中被称为绿腺；在蛛形纲中被称为基节腺。

在不受外界惊扰的情况下，顺利产卵过程约需2~3小时。产完卵后，蜈蚣随即巧妙地侧转身体，用步足把卵粒托聚成团，抱在怀中孵化。产卵时，若受惊扰，就会停止产卵或将正在孵化的卵粒全部吃掉，这就是所谓蜈蚣的保护性反应。蜈蚣孵化时间长达43—50天。这期间，母蜈蚣一直不离卵或幼体，精心守护着，有时下半身及触角不时地左右摆动和扫动，驱赶近身的小虫，并常用食爪拨弄或吮舔着卵团和幼体。据推测，蜈蚣可能是在分泌某种口腺和基节腺的分泌物，防止卵团遭受细菌侵害或其他污物沾染。

蜈蚣从卵孵化，幼体发育、生长，直到成体，均需经过数次蜕皮，每蜕一次皮就明显长大一些。成体蜈蚣一般一年蜕1次皮，个别的2次。

蜕皮时，蜈蚣用头部前端顶着石壁或泥壁，先顶开头板，然后依靠自身的伸缩运动逐节剥蜕，使躯体连同步足由前向后依次进行。蜕到躯体第7~8节时，蜕出触角。最后才蜕离尾足。蜕下的旧皮呈皱缩状，拉直时是一具完整的蜈蚣外壳。

蜈蚣生长速度不快，从第一年卵孵化成幼虫到当年冬眠之前才长至3~4厘米，第二年出蛰之前，食物充盛，但也不过长到3.5~6厘米左右，第三年才长到10厘米以上。因此蜈蚣从卵开始到它发育长大为成虫再产卵，需足足3—4年时间。同年产下的蜈蚣，早期产卵与晚期产卵的幼体大小有很大差别。当年生长快慢与食物是否充足、进食时期长短有很大的关系。

拓展阅读

卵　生

动物的受精卵在母体外独立发育的过程叫卵生。卵生的特点是在胚胎发育中，全靠卵自身所含的卵黄作为营养。卵生在动物中很普遍。卵生动物把卵或受精卵排出体外，或掩埋土砂中（如蝗虫、龟、某些蛇类等），或留树皮空隙中（如蝉），或水域中（如鱼、蛙等），然后集太阳的辐射热发育孵化成幼虫或幼体。

波浪式前进的千足虫——马陆

马陆，也叫千足虫，全世界都有分布。马陆约有 1 万种，生活于腐烂植物上并以其为食，有的也危害植物，少数为掠食性或食腐肉。特征为体节两两愈合（双体节），除头节无足，头节后的 3 个体节每节有一对足，其他体节每节有足 2 对，足的总数可多至 200 对。除头 4 节外，每对双体节含 2 对内部器官、2 对神经节和 2 对心动脉。头节含触角、单眼及大、小腭各 1 对。不同种马陆体节数各异，从 11 节到 100 多节。除一个目外，所有马陆均有钙质背板。

马陆性喜阴湿。一般生活在草坪土表、土块下面或土缝内，白天潜伏，晚间活动。马陆一般危害植物的幼根及幼嫩的小苗和嫩茎、嫩叶。马陆的卵产于草坪土表，卵成堆产，卵外有一层透明黏性物质，每次可产卵 300 粒左右。在适宜温度下，卵经 20 天左右孵化为幼体，数月后成熟。马陆 1 年繁殖 1 次，寿命可达 1 年以上。

马　陆

土壤动物是生态系统物质循环中重要的分解者，马陆是土壤动物中的常见类群，主要以凋落物、朽木等植物残体为食，是生态系统物质分解的最初加工者之一。

马　陆

千足虫马陆并不是一生下来就有

这么多足的。初生的幼虫只有7节，蜕皮一次增至11节，有7对足；二次蜕皮后增至15节，有15对足；经过几次变态发育后，体节逐渐增多，足也就随之增加，成为出名的“千足虫”。

当然，还有许多其他种类的千足虫。有的身体较小，才2毫米长，和大马陆相比，它们的足少得多。在中美洲巴拿马山谷里有一种大马陆，全身有175节，加起来共有690只足，可以说是世界上足最多的节肢动物了。

千足虫行走时左右两侧足同时行动，前、后足依次前进，成波浪式运动，很有节奏。不过，它虽然足很多，但行动却很迟缓。

千足虫虽然无毒颚，不会螫人，但它也有防御的武器和本领。当它一受触动就会立即蜷缩成一团，静止不动，或顺势滚到别处，等危险过了才慢慢伸展开来爬走。千足虫体节上有臭腺，能分泌一种有毒臭液，气味难闻，使得家禽和鸟类都不敢啄它。

马陆可入药，有去毒痈、消除皮肤红肿之功效。

知识小链接

生态系统简介

生态系统指由生物群落与无机环境构成的统一整体。生态系统的范围可大可小，相互交错，最大的生态系统是生物圈；最为复杂的生态系统是热带雨林生态系统，人类主要生活在以城市和农田为主的人工生态系统中。

竹节虫的三大绝技

竹节虫种类很多，全世界约有2200余种，主要分布在热带和亚热带地区。我国仅有20余种，主要分布在湖北、云南、贵州等省。它们体色各异，但多为绿色或褐色。有翅或无翅。体长而大，为中型或大型昆虫，前胸节短，中胸节和后胸节长。因身体修长，形状似竹节而得名。

竹节虫一般体长 3～30 厘米，最大可达 51 厘米，为现生昆虫中体长最大的种类。行动迟缓，白天静伏在树枝上，晚上出来活动，取叶充饥。多不善飞翔。

竹节虫的一生要经历卵、若虫和成虫三个时期。卵通常为椭圆形或球形，卵壳极为坚硬，有些种类的卵壳上还有美丽的条纹。在卵壳上方有一个卵盖，如同一扇门，当卵孵化时，若虫就会顶开卵盖爬出来。若虫要经过 4～5 次蜕皮才成为成虫。

◎ 高超的隐身术

竹节虫算得上著名的伪装大师，有高超的隐身术。当它爬在植物上时，能以自身的体形与植物形状相吻合，装扮成被模仿的植物，或枝或叶，惟妙惟肖，如不仔细端详，很难发现它的存在。同时，它还能根据光线、湿度、温度的差异改变体色，让自身完全融入到周围的环境中，使鸟类、蜘蛛等天敌难以发现它的存在而安然无恙。

竹节虫奇特的隐身生存行为比其他善拟态的昆虫技高一筹。有些竹节虫受惊后落在地上，装死不动，然后伺机偷偷溜之大吉。

竹节虫在夜间活动，白天，它们只是静静地待着。由于它们看上去非常像小树枝，所以一般不会被敌人发现。只有在爬动时才会被发现。当它受到侵犯飞起时，突然会用闪动的彩光迷惑敌人。但这种彩光只是一闪而过，当竹节虫着地收起翅膀时，它就突然消失了。这被称为“闪色法”，是许多昆虫逃跑时使用的一种方法。

◎ 慑人的警告色

竹节虫除了会利用模拟颜色、形状保护自己以外，还会用警告色。它们平时前翅覆盖住后翅，一旦遇到危险，就张开前翅，露出红黑相间的后翅，警告对方：“别碰我，我可不好惹!”而一些敌人看到这种图案，马上就会联想到一种有毒的蘑菇，吃了以后会引起剧烈的呕吐，甚至死亡。有了这种警告色，谁还有胆量来尝试?

◎ 断肢再造术

竹节虫另外一种令人惊叹的本领就是断肢再造。在竹节虫的若虫阶段经常会因为逃避敌害而缺胳膊断腿，但是每次断肢后不久，伤口处就会长出一个弯曲的肢芽，等到下一次蜕皮以后，新的附肢就会长出来，只是一般会稍短于正常的附肢。不过一旦长大为成虫，断肢再造就不可能了。

"活毛"的传说

铁线虫，亦称毛细线虫或戈尔迪乌斯线虫，线形纲动物，有 250 ~ 300 种。体细长，马鬃状，最长的可达 1 米。成虫在海水或淡水中自由生活，幼虫寄生在节肢动物体内。广泛分布于世界各地。虫体在野外非常活跃，常有自行打结的习性。

大型个体的铁线虫，虫体细长，圆线形，似铁丝，黑褐色；长约 10 ~ 50 厘米，直径约 1 ~ 3 毫米；头端钝圆，具有 0.5 ~ 1 毫米长的淡黄色区；体表角质坚硬，表面有许多小乳突；雄虫尾部卷曲，末端分叉，呈倒 V 形分叉部分的前腹面为泄殖孔。雌虫尾短尖钝。与线虫的圆虫类相似，但无背线、腹线与侧线。消化管幼虫期存在，而成虫期则退化。雄体的精巢和雌体的卵巢数目多，成对排列于身体的两侧。

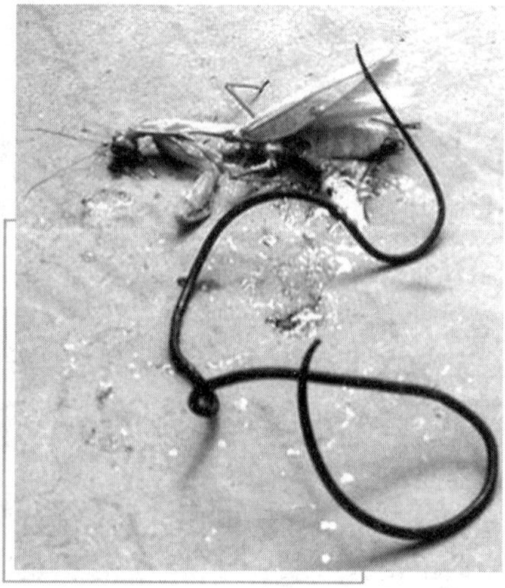

铁线虫

铁线虫的成虫栖息于河流、池塘、溪流及水沟内，雌体所产的卵在水内孵出幼虫，被昆虫吃进后，营寄生生活。当这种虫被大型节肢动物如螳螂、蝗虫等吞食后，幼虫在这些节肢动物体内继续发育，直至成熟后离开寄主，到水中营自由生活，进行交配产卵。

在夏末的八九月份，我们很容易在水池边找到淹死的螳螂，这正是铁线虫的杰作，当螳螂腹内的铁线虫成熟时，必须要回到水中完成产卵的任务，这时铁线虫会驱使螳螂寻找水源并跳入水中淹死，这样它才有机会进入水中，若螳螂未能及时找到水池或池塘，铁线虫仍会钻出，但结局是干死在陆地上，而螳螂也会因腹部受伤而死亡。因此，池塘的水不能随便喝。

基本小知识

稚　虫

某些昆虫的未成熟阶段。稚虫是不完全变态类（半变态、原变态）昆虫的幼体。水栖，以鳃呼吸；成虫陆生，以气管呼吸；两者形态、习性迥然不同。

人体消化道感染铁线虫可能是通过接触或饮用含有稚虫的生水、昆虫、鱼类和螺类等食物而引起。尿路感染是由于人体会阴部接触有铁线虫稚虫的水体，经尿道侵入，上行至膀胱内寄生。虫体侵入人体后可进一步发育至成虫，并可存活数年。虫体寄生泌尿道的患者，以女性居多，均有明显的泌尿道刺激症，如下腹部疼痛、尿频、尿急、尿痛、血尿、放射性腰痛等，虫体排出后，症状缓解。铁线虫寄生于消化道所引起的症状一般不明显，可有消化不良、腹痛、腹泻等表现。亦见有从眼眶肿物或耳道检出虫体的报告。

铁线虫病尽管是一种较为罕见的寄生虫病，全世界只有 14 个国家有病例报道。但各地因生产生活接触自然水体的人群甚多，其实际感染人数可能远比已报告的例数要多。因此，一定要注意饮水卫生。防治疾病的关键是不饮不洁之水、不生吃昆虫、鱼类和螺类等食物，下水时避免口腔与不洁水体直接接触。疑有感染者可口服驱虫药促虫排出，寄生于身体器官内者应手术取虫。

铁线虫虽有少数大体型的，但是大部分属于小型的，如马鬃一般在水里游动，所以民间有“活毛”的传说，能吸附在人的皮肤上并能钻进人的皮肤里，其实，这种“活毛”就是铁线虫。

基本小知识

泄殖孔

泄殖孔为肠的末端略为膨大处。输尿管和生殖管都开口于此腔，成为粪、尿与生殖细胞共同排出的地方，以单一的泄殖腔孔开口于体外。软骨鱼、两栖类、爬行类、鸟类和哺乳类中的单孔类都有泄殖孔。

苍蝇与航天事业

声名狼藉的“逐臭之夫”苍蝇，有着惊人的嗅觉，它们能在很远的地方察觉微乎其微的气味。苍蝇的嗅觉感受器分布在触角上，每个感受器是一个小腔，它与外界相通，含有感觉神经元的嗅觉杆突入其中。由于每个小腔内都有上百个神经元，所以这种感受器非常灵敏。用各种化学物质的蒸气刺激苍蝇的触角，从头部神经节引导生物电位时，可记录到不同气味的物质产生的电信号，并能测量出神经脉冲的振幅和频率。

苍　蝇

认识了苍蝇嗅觉器官的奥秘之后，科学家们得到了启发，他们利用苍蝇嗅觉灵敏的特性，仿制成了十分灵敏的小型气体分析仪。这种仪器现已装置在航天飞船的座舱内，正为揭示宇宙的奥秘而工作。小型气体分析仪也可用来测量潜水艇和矿井里的有毒气体，以便及时发出警报。苍蝇嗅觉器官的功能原理，还可以用来改进计算机的输入装置，以及应用在气体色层分析中。

知识小链接

航天飞机简介

航天飞机是可重复使用的、往返于太空和地面之间的航天器，结合了飞机与航天器的性质。它既能代替运载火箭把人造卫星等航天器送入太空，也能像载人飞船那样在轨道上运行，还能像飞机那样在大气层中滑翔着陆。航天飞机为人类自由进出太空提供了很好的工具，它大大降低了航天活动的费用，是航天史上的一个重要里程碑。

没有头都能存活的蟑螂

令人讨厌的蟑螂其繁殖能力极强，并且被认为是在原子能战争中最有可能幸存下来的生物。一些人甚至声称，蟑螂没有头也可以活下来。这些看似不切实际的论断却被证实是正确的。即使是没有头的蟑螂，也可以存活几个星期之久。

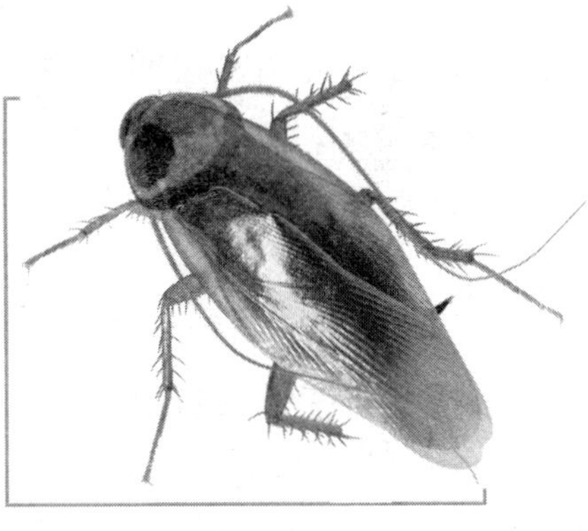

蟑　螂

蟑螂（包括许多其他昆虫）即便是没有了脑袋仍旧可以存活，但是人类为什么就不可以呢？科学家解释说：“首先，如果人类没有了脑袋，那么会导致失血且血压下降，会妨碍氧气和营养素输送到重要组织。然后，便会死于失血过多！”

此外，人类通过嘴巴或者鼻子进行呼吸，而大脑控制着这些重要功能，所以，如果没有了脑袋，呼吸也会停止。而且，如果没有了脑袋，人就不能吃东西，会因饥饿而迅速死亡。没有了脑袋，也会因为其他疾病的影响而死亡。

但是，蟑螂没有像人类那样的血压。它们并没有像人类那样拥有庞大的血管网络，也没有微小的毛细管让血液通过压力来流动。蟑螂有一个开放的循环系统，而在这其中，很少有压力的存在。

繁殖力超强的蟑螂通过呼吸孔来呼吸，或者是通过每一节身体上的小洞来呼吸。而且，蟑螂的大脑并不控制它的呼吸和血液，也不会通过身体输送氧气。相反，通过一组名叫螺旋纹管的东西，呼吸孔直接输送空气到组织中去。

蟑螂是变温动物，也叫冷血动物，这意味着与人类相比，他们需要的食物非常少。专家说：“一只蟑螂，一天只吃一顿饭，也可以存活很久。除非他们感染病毒或者细菌，否则，只要一些掠夺者不把它们吃掉，它们就能无所事事地保持安静很久，然后趋向死亡。”

蟑螂具有神经中枢团——神经组织凝块，分布在每节身体内，履行基本的神经功能的作用，来负责条件反射。所以即使没有了脑袋，身体仍旧可以在这方面做出非常简单的反应。它们可以站立，对触摸和移动做出反应。

当蟑螂的头被切下来后，并不只是身体才能够存活下来，那颗被切下的脑袋也可以活下去的。前后摇动它的触角可达几个小时，直到它散发出蒸汽。如果把它进行冷藏，并且提供它营养，一个蟑螂的头甚至可以活更长的时间。

拓展阅读

变温动物的生活习性

变温动物是没有体内调温系统的动物，自身体内不能恒温（不能恒定体温），要通过晒太阳等方式来保持体温，或者以行动来调节体温。所以变温动物一般不在夜间活动。如蛇、鳄鱼等较大的变温动物早上需要晒太阳以使体温升高，这样他们才能活动，因此它们几乎都是白天活动，夜间休息。

趣味点击 最会叫的蟑螂

马达加斯加岛的“嘶嘶”蟑螂可以说是最会叫的蟑螂。这种非洲蟑螂身长3~4英寸（1英寸约合25.4毫米），厚度约为1英寸。当你捏起这种蟑螂时，它们会嘶嘶作响。一些民众出于好奇，把这种来自马达加斯加的巨型蟑螂当宠物饲养。更有意思的是，这种蟑螂还有幸搭乘“太空旅馆”二号试验舱——“起源二号”，由俄罗斯火箭发射升空并顺利进入预定轨道，前往太空一游。

把蟑螂的脑袋切掉看起来是很残忍的。但是科学家们已经对没有头的蟑螂和没有身体的蟑螂头进行了许多次的实验。没有头的蟑螂丧失了它们身体内的荷尔蒙。荷尔蒙是来自它们大脑的腺体，调节其成熟度的，帮助研究员调查其蜕变和繁殖的。对没有身体的蟑螂头的研究，揭示了它们的神经元是如何工作的。

举世闻名的“马拉松”健将

飞蝗的分布范围非常广，遍布非洲和大部分欧亚大陆、东印度群岛、大洋洲热带部分和新西兰。蝗灾一旦发生，几乎无法制止。

飞　蝗

较小的意大利蝗和摩洛哥戟纹蝗在地中海地区对植物造成极大危害，南非的褐飞蝗和红翅蝗危害也极大；中美和南美的主要迁飞种是南美蝗，落基山蝗和迁徙蝗在20世纪70年代破坏了加拿大和美国的许多草场。

但就是这些令人类头疼的飞蝗，却是

“举世闻名”的“马拉松”健将，它们可以一口气由非洲西部飞到英伦三岛，轻而易举地飞过八九百千米，最远可以达3600多千米。

基本小知识

马　拉　松

马拉松是国际上非常普及的长跑比赛项目，全程距离26英里385码，折合为42．195千米（也有说法为42．193千米）。分全程马拉松、半程马拉松和四分马拉松三种。

著名的“洲际旅行家”

在花丛中飞舞的蝴蝶是昆虫中的“洲际旅行家”。每年秋季，美洲北部的蝴蝶要迁到南方过冬。它们横渡波涛汹涌的大西洋，穿过亚速尔群岛，然后飞抵非洲的撒哈拉大沙漠，行程5000千米。英纳克大蝴蝶，成群结队从美国西北部向南飞行，穿越西南部的得克萨斯州来到墨西哥中部。它们在2000米的高空任意飞翔，平均每小时可飞行十七八千米，如果加速飞行每小时可达90千米，即使遇上飓风也阻挡不了它们。

但它们又是如何辨别迁徙的方向的呢？加拿大的心理学专家最近在研究中发现，蝴蝶利用自己和太阳的相对位置来确定迁徙方向。此前有专家认为，蝴蝶是根据地球磁场来确定飞行方向的。

你知道吗

地磁场概念最早是谁提出来的

历史上，第一个提出地磁场理论概念的是英国人吉尔伯特。他在1600年提出一种论点，认为地球自身就是一个巨大的磁体，它的两极和地理两极相重合。这一理论确立了地磁场与地球的关系，指出地磁场的起因不应该在地球之外，而应在地球内部。

科学家研究了北美的一种蝴蝶。这种蝴蝶每年从加拿大飞行3500千米到墨西哥过冬。在这么漫长的旅途中，它们如何保证自己朝向西南方前进呢？科学家将这种蝴蝶放在特制的飞行箱中，让它进行模拟飞行。通过控制蝴蝶的生物钟，科学家发现，它们的水平飞行方向会发生改变。如果蝴蝶的生物钟和当地一致，它就会朝西南方向飞；如果把蝴蝶的生物钟时间提早 6 小时，它就会朝东南方向飞；如果延迟 6 小时，它就会往西北方向飞。

这一实验表明，蝴蝶是依据太阳的方位来确认自己的飞行方向的。科学家同时发现，蝴蝶的飞行方向不受地球磁场的影响。

破茧成蛾

养蚕和利用蚕丝是人类生活中的一件大事，约在 4000 多年前中国已有记载，至少在 3000 年前中国已经开始人工养蚕。公元 551 年，有两个外国修道士把蚕茧带到欧洲。蚕吐丝结茧时，头不停摆动，将丝织成一个个排列整齐的“∞”形丝圈。每织 20 多个丝圈（称 1 个丝列）便动一下身体的位置，然后继续吐织下面的丝列。家蚕每结一个茧，需变换 250 ~ 500 次位置，编织出 6 万多个“∞”形的丝圈，每个丝圈平均有 0.92 厘米长，一个茧的丝长可达 1500 ~ 3000 米。丝腺内的分泌物完全用尽，方化蛹变蛾。

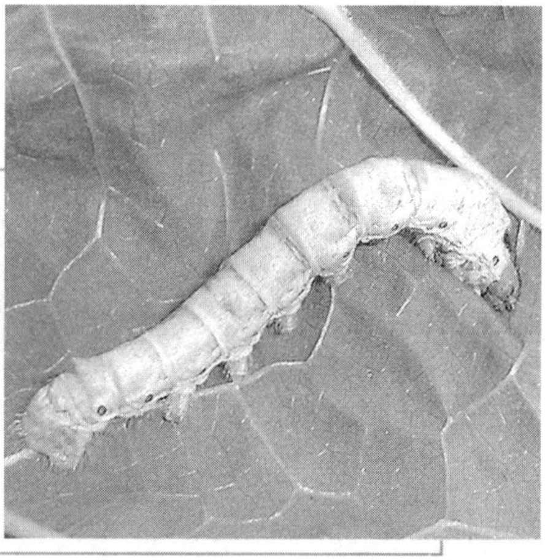

蚕

蚕丝是熟蚕结茧时所分泌丝液凝固而成的连续长纤维，也称天然丝，是一种天然纤维，为人类利用最早的动物纤维之一。据考古发现，约在 4700 年前中国已利用蚕丝制作丝线、编织丝带和简单的丝织品。商周时期用蚕丝织制罗、绫、纨、纱、绉、绮、锦、绣等丝织品。蚕丝与羊毛一样，是人类最早利用的动物纤维之一。

基本小知识

动物纤维

动物纤维亦称天然蛋白质纤维，是由动物的毛发或分泌液形成的纤维。主要成分是由一系列氨基酸经肽键结合成链状结构的蛋白质。动物纤维分为三类：动物的发毛和绒毛、禽类的羽绒和羽毛、蚕丝，主要来源是人工饲养的动物。

蚕上蔟结茧后经过 4 天左右，就会变成蛹。蚕蛹的体形像一个纺锤，分头、胸、腹三个体段。头部很小，长有复眼和触角；胸部长有胸足和翅；鼓鼓的腹部长有 9 个体节。专业工作者能够从蚕蛹腹部的线纹和褐色小点来判别雌雄。蚕刚化蛹时，体色是淡黄色的，蛹体嫩软，渐渐地就会变成黄色、黄褐色或褐色，蛹皮也硬起来了。经过大约 12—15 天，当蛹体又开始变软，蛹皮有点起皱并呈土褐色时，它就将变成蛾了，完成它一生的蜕变，破茧成蛾。

蛾的种类繁多，蚕蛾只是其中人类熟悉和利用的一种。所有的蛾都有从虫变蛹、破茧成蛾的过程。

在昆虫中，飞蛾是蝴蝶的姐妹，属鳞翅目，异脉亚目。飞蛾虽则没有蝴蝶漂亮，但它们的恋爱方式却差不多。

飞 蛾

在雌蛾体上长有一种特殊的化学物质，即性外激素。通过性外激素的扩散传布，把雄蛾从遥远的地方招引来，进行交尾。这在其中发挥重要作用的是它们的触角。据说一只雌性舞毒蛾只要分泌0.1微克的性外激素，就可以把100万只雄蛾招引过来。雄蛾的嗅觉器官特别发达，它们的触角往往长成羽毛状或栉状，从而对雌性蛾所释放的性外激素感觉十分灵敏，几乎可以感知只有几个分子的信息。有人用舞毒蛾做试验，当风速在每秒1米时，雄蛾对4.5千米以外的雌蛾性外激素仍有反应，但除去触角后就失去了这种反应。

飞蛾这种以气味传情，寻找配偶的方式，在生物学中称为“化学通信”。飞蛾是完全变态昆虫，它一生要经过卵、幼虫、蛹和成虫四个发育阶段。幼虫在形态结构和生活习性上与成虫完全不同。除少数种类成虫吸食果汁外，大部分成虫不危害农作物，幼虫则大部分危害农作物、果树、林木。因此，人们就利用飞蛾的“化学通信”特点，分离和测定了许多飞蛾类害虫性外激素的结构，并进行人工合成，用来诱杀雄性飞蛾，以达到生物防治的目的。

基本小知识

性外激素

性外激素是昆虫成虫腹部末端或其他部位的腺体所分泌的一种能引诱同种异性昆虫前来交尾的化学物质。各种昆虫的性外激素有专一性。目前已有若干种昆虫的性外激素的化学结构已经被确定，大多属于酮类、醇类和有机酸类，且已能人工合成，可用作引诱剂，与黑光灯物理方法或杀虫剂相结合防治害虫。

飞蛾扑火

飞蛾多在夜间活动，喜欢在光亮处聚集，因此民谚有“飞蛾扑火自烧身”的说法。

科学家经过长期观察和实验，终于揭开了“飞蛾扑火”之谜。他们发现飞蛾等昆虫在夜间飞行活动时，是依靠月光来判定方向的。飞蛾总是使月光从一个方向投射到它的眼里。飞蛾在逃避蝙蝠的追逐，或者绕过障碍物转弯以后，它只要再转一个弯，月光仍将从原先的方向射来，它也就找到了方向。这是一种“天文导航”。

月亮距离地球非常遥远，飞蛾只要保持同月亮的固定角度，就可以使自己朝一定的方向飞行；可是，灯光距离飞蛾很近，飞蛾按本能仍然使自己同光源保持着固定的角度，于是只能绕着灯光打转转，直到最后精疲力竭而死去。

> **趣味点击　飞蛾扑火与诗**
>
> 南朝梁时才子到荩是朝廷金紫光禄大夫到溉的孙子，深受皇帝萧衍的喜爱，经常在一块作诗，萧衍特地赐他祖父一首诗：
>
> 研磨墨以腾文，笔飞毫以书信。如飞蛾之赴火，岂焚身之可吝。必耄年其已及，可假之于少荩。

许多昆虫，只在夕阳西下、夜幕降临后才飞行于花间，一面采蜜，一面为植物授粉。漆黑的夜晚，它们能顺利地找到花朵，是“闪光语言”的功劳。夜行昆虫在空中飞翔时，由于翅膀的振动，不断与空气摩擦，产生热能，发出紫外光来向花朵“问路”，花朵因紫外光的照射，激起暗淡的“夜光”回波，发出热情的邀请；昆虫身上的特殊构造接收到花朵“夜光”的回波，就会顺波飞去，为花传粉作媒，使其结果，繁殖后代。这样，昆虫的灯语也为大自然的繁荣做出了贡献。因此，夜行昆虫大多有趋光性，“飞蛾扑火”就是这一习性的真实写照。

蝴蝶是怎样约会的

蝴蝶，全世界大约有 14000 余种，除了南北极寒冷地带以外，都有分布。人们发现“恋爱”期间的蝴蝶是借助于光信号来“约会”的，据日本横滨大学昆虫学家介绍，无论雄蝴蝶还是雌蝴蝶的性器官区域都有一个非常敏感的

蝴　蝶

"光感受器"，以发射和接受"赴约"的信号。

最有意思的是，并不是所有的雌蝴蝶都会对雄蝴蝶的光信号"召唤"做出响应。一旦这些光信号遭到"隔离"，就意味着"谈情说爱"的中断。进一步的研究表明，大约有30%的雌蝴蝶爱发这种"脾气"。碰到这种情况，雄蝴蝶"一气之下"再也不会发出第二次信号，在遭到身边"女友"拒绝后，雄蝴蝶又马上寻求新的"恋爱对象"。

蝴蝶与人造卫星

遨游太空的人造卫星，当受到阳光强烈辐射时，卫星温度会高达2000℃；而在阴影区域，卫星温度会下降至－200℃左右，这很容易损坏卫星上的精密仪器仪表，这个问题曾一度使航天科学家伤透了脑筋。

后来，人们从蝴蝶身上受到启迪。原来，蝴蝶身体表面生长着一层细小的鳞片，这些鳞片有调节体温的作用。每当气温上升、阳光直射时，鳞片自动张

拓展阅读

世界上第一颗人造卫星

1957年10月4日。苏联宣布成功地把世界上第一颗绕地球运行的人造卫星送入轨道。美国官员宣称，他们不仅因苏联首先成功地发射卫星感到震惊，而且对这颗卫星的体积之大感到惊讶。这颗卫星重83千克，比美国准备在第二年初发射的卫星重8倍。

开，以减少阳光的辐射角度，从而减少对阳光热能的吸收；当外界气温下降时，鳞片自动闭合，紧贴体表，让阳光直射鳞片，从而把体温控制在正常范围之内。科学家经过研究，为人造地球卫星设计了一种犹如蝴蝶鳞片般的控温系统。

蚂蚁生活逸事

蚂蚁是地球上最常见的、数量最多的昆虫种类。蚂蚁可以生活在任何有它们生存条件的地方，是世界上抗击自然灾害最强的生物之一。根据科学家的研究证明，蚂蚁在洞穴里缺少糖分，对自己的生长发育很不好，为了能够找到充足的糖分，蚂蚁一旦发现甜的东西，触角就会不由自主地硬起来，这是蚂蚁的一个天性。

蚂蚁是社会性很强的昆虫，它们拥有自己的“语言”。彼此通过身体发出的信息素来进行交流沟通，当蚂蚁找到食物时，会在食物上撒布信息素，别的蚂蚁就会本能地把有信息素的东西拖回洞里去。

蚂　蚁

当蚂蚁死掉后，它身上的信息素依然存在，当有别的蚂蚁路过时，会被信息素吸引，但是死蚂蚁不会像活的蚂蚁那样跟对方交流信息(互相触碰触角)，于是它带有信息素的尸体就会被同伴当成食物搬运回去。

通常情况下，那样的尸体不会被当成食物吃掉，因为除了信息素以外，每一窝的蚂蚁都有自己特定的识别气味，有相同气味的东西不会受到攻击，这就是同窝的蚂蚁可以很好协作的基础。

蚂蚁在行进的过程中，也会分泌一种信息素，这种信息素会引导后面的蚂蚁走相同的路线。蚂蚁虽不会发出声音，但它们会采用这种方法让同类知道自己的方位。蚂蚁只要留下 1 毫克的信息素，就足以让其他蚂蚁尾随在后，环游世界 3 圈。但是，如果我们用手破坏蚂蚁的行进队伍，干扰了蚂蚁的信息素，蚂蚁就会失去方向感，到处乱爬。所以我们不要随便干扰它们。

蚂蚁小而精悍，完美的生理机制使得它们能经受住种种考验。为了能在不断变换的环境中出发并回到蚁巢，沙漠箭蚁懂得利用太阳发出的偏振光回巢。而亚马孙蚂蚁通过记住视觉参照物来制定航向，而且这一记，就是一辈子，它们存储众多记忆后，再根据所到之处调出相关信息。蚂蚁体内有一套腺体，它们会用不同的化学物质传达 20 多种意思。

蚂蚁腹部的刮器则是对化学语言的一种补充。刮器乃发声器官，能摩擦发出振动信号，当一队蚂蚁排着整齐的队伍在大街上“耀武扬威”的时候，从石头里传来一阵振动信号，原来是某蚁被压在石头下面了，霎时，群蚁会齐心协力救出困境中的伙伴。这种信号也可用来向对方讨要食物。

据力学家测定，一只蚂蚁能够举起超过自身体重 400 倍的东西，还能够拖运超过自身体重 1700 倍的物体。美国哈佛大学的昆虫学家马克莫费特，是一位对亚洲蚁颇有研究的学者。根据他的观察，10 多只团结一致的蚂蚁，能够搬走超过它们自身体重 5000 倍的蛆或者别的食物，这相当于 10 个平均体重 70 千克的彪形大汉搬运 3500 吨的重物，即平均每人搬运 350 吨，从相对力气这个角度来看，蚂蚁是当之无愧的“大力士”。

广角镜

蚂蚁的巢穴

蚂蚁一般都会在地下筑巢，地下巢穴的规模非常大。它有着良好的排水、通风措施。一般工蚁负责建造巢穴。而出入口大多是一个拱起的小土丘，像火山那样中间有个洞。其次也有用来通风的洞口。巢穴里的每个房间都有明确分类。

小小的蚂蚁为什么能有如此神力？科学家做了大量的研究、分析，证明蚂蚁体内是一座微型动物营养宝库，每 100 克蚂蚁能产生 2929 千焦的热量。科学工作者还发现，蚂蚁腿部肌肉是一部高效率的“发动机”，这个“肌肉发动机”又由几十亿台微妙的“小发动机”组成。所以，蚂蚁能产生如此非凡超常的力量。

蚂蚁的“肌肉发动机”使用的特殊“燃料”，是一种结构非常复杂的含磷化合物，称为三磷酸腺苷，即 ATP。在许多场合下，只要肌肉在活动时产生一点儿酸性物质（这种感觉就是我们平常说的“胳膊酸了”）就能引起这种“燃料”的剧烈变化，这种变化能使肌肉蛋白的长形分子在刹那间收缩起来，产生巨大的力量。这种特殊的“燃料”不经过燃烧就能把潜藏的能量直接释放出来，转变为机械能，加之不存在机械摩擦，所以几乎没有能量的损失。正因为如此，蚂蚁的“肌肉发动机”的效率非常高，可达 80% 以上，这就是“蚂蚁大力士”的奥秘。

趣味点击　有趣的蚂蚁分工

蚂蚁有不同的类型，每一类都有其专门的职责。蚁后产卵，大部分卵将发育成雌性，它们被称为工蚁。它们负责建筑并保卫巢穴，照顾蚁后、卵和幼虫，以及搜寻食物。到了一定的时候，雄蚁与新的蚁后会产生出来。它们有翅膀，从巢穴里集群飞出。交配以后，雄蚁即死去，新的蚁后则开始领导起又一个群体的生活。

所向披靡的劫蚁

居住在非洲的居民，由于气候潮湿、炎热，各种害虫、蛇类、鼠类动物繁多，给他们的生活带来许多烦恼。虽然使用一些人工方法，仍不能把有害动物清除干净。然而就在他们忧心忡忡的时候，开进一支浩浩荡荡的蚂蚁大军，仅用几个小时的时间，便将蛇、鼠与种种昆虫驱逐出境，整个居民区变得干干净净……

从此之后，非洲居民笑逐颜开，每年每月都在盼望蚂蚁大军入境，帮助他们清除害虫、害兽。

非洲蚂蚁真有如此之大的威力吗？

是的，它们是一支组织严密的队伍，成员多至50万众。这群蚂蚁的体态与普通蚂蚁无大差别，只是体形大一点。它们具有特殊的生活习性，由于没有固定的家园，它们需要经常迁移，有组织地从一处长途跋涉到另一处。沿途它们要拦路打劫，吃掉各种昆虫、蠕虫，甚至毒蛇、鸟兽。

鉴于它们的行为特征，当地人称它们为“劫蚁”。

劫蚁是一支训练有素的队伍，各类成员分工明确，安于职守。兵蚁在队伍前头开路，工蚁运载粮草殿后，蚁后夹在队伍中间，受到侍卫的特殊保护。行军路上它们勇往直前，遇到流水，它们开凿隧道，碰上强敌，它们万众一心、蜂拥而上，必将敌手击败……

劫蚁本来是体小力单的弱小动物，但因为它们团结一致、共同对敌，往往能克敌制胜，甚至创造出打败比自己强大数倍的毒蛇的奇迹。劫蚁趁蛇盘屈草地的时机，出其不意地从四面八方包抄过来，爬上蛇身。蛇昂首吐舌，目射凶光，但对蚂蚁却奈何不得。经过一段持久战，毒蛇终于惨死在万众一心的劫蚁大军阵下。

夜空下的“闪光灯”

萤火虫，鞘翅目萤科昆虫的通称。全世界约2000种，分布于热带、亚热带和温带地区。萤火虫的眼睛半圆球形，雄性的眼常大于雌性。腹部7～8节，末端下方有发光器，能发黄绿色光。

萤火虫夜间活动，卵、幼虫和蛹也往往能发光，成虫的发光有引诱异性的作用。幼虫捕食蜗牛和小昆虫为食，喜栖于潮湿温暖草木繁盛的地方。成虫仅仅进食一些露水或花粉等。科学家研究表明，有一种萤火虫，是要靠雌虫吃掉雄虫来繁衍并且保护后代生存的，这种“致命情人”目前还没有在中国发现，它们大多生活在北美。它们不像中国的萤火虫成虫那样，一生不取食，或者仅仅食用花粉及露水等，它们是标准的捕食昆虫。这种萤火虫可通过模仿其他种类萤火虫的雌性闪光来“引诱”雄性，等雄性萤火虫以为自己的求爱得到应答，赶来幽会时，就会被对方吃掉。

萤火虫

常见萤火虫的光色有黄色、红色及绿色。亮灯是耗能活动，不会整晚发亮，一般只维持2—3小时。成虫寿命一般只有5—14天，这段时间主要为交尾繁殖下一代。

由于不同种类的萤火虫发光的方式不同，因此在不同种类之间自然形成隔离。萤火虫中绝大多数的种类是雄虫有发光器，而雌虫无发光器或发光器较不发达。虽然我们印象中的萤火虫大多是雄虫有两节发光器、雌虫一节发光器，但这种情况仅出现于熠萤亚科中的熠萤属及脉翅萤属。而像台湾窗萤，雌雄都有两节发光器，两者最大的区别在于雌虫为短翅型，而雄虫则为长翅型。

萤火虫的发光器是由发光细胞、反射层细胞、神经与表皮等组成。如果将发光器的构造比喻成汽车的车灯，发光细胞就有如车灯的灯泡，而反射层细胞就有如车灯的灯罩，会将发光细胞所发出的光集中反射出去，所以虽然只是小小的光芒，在黑暗中却让人觉得相当明亮。

萤火虫的发光细胞内有一种含磷的化学物质，称为荧光素，而萤火虫的发光器会发光，起始于传至发光细胞的神经冲动，使得原本处于抑制状态的荧光素被解除抑制，在荧光素的催化下氧化，伴随产生的能量便以光的形式释出。由于反应所产生的大部分能量都用来发光，只有2%～10%的能量转为热能，所以当萤火虫停在我们的手上时，我们不会被萤火虫的光给烫到，所以有些人称萤火虫发出来的光为“冷光”。

至于萤火虫发光的目的，早期学者提出的假设有求偶、沟通、照明、警示、展示及调节族群等功能；但是除了求偶、沟通之外，其他功能只是科学家观察的结果，或只是臆测。直到近几年，才有学者验证了“警示”说。1999 年，学者奈特等人发现，误食萤火虫成虫的蜥蜴会死亡，证实成虫的发光除了找寻配偶之外，还有警告其他生物的作用；学者安德伍德等人在 1997 年以老鼠做的试验，证实幼虫的发光对于老鼠具警示作用。

萤火虫于夜晚的发光行为，以黑翅萤为例，就目前的研究发现，多是在日落后，雄虫开始在栖地上边飞边亮；在雄虫开始活动不久后，雌虫便开始出现于栖地周围的高处（一些种类雌虫也会发光，但只有一节发光器，雄虫则有两节发光器），从晚上 7 点一直到 11 点半左右，在其栖地可以见到成百成千的萤火虫发光，但差不多在晚上 11 点半过后，成虫便逐渐停止发光。而且雄虫发光的频率也有变化，并非整晚的发光频率都一样。

萤火虫发光的效率非常高，几乎能将化学能全部转化为可见光，为现代电光源效率的几倍到几十倍。由于光源来自体内的化学物质，因此，萤火虫发出来的“冷光”虽亮但没有热量。由于萤火虫的光不带辐射热，物理学家们认为这是非常理想的灯光，因一般东西发光时，同时也要发热，如点着了的蜡烛，电灯开亮后灯泡也热得发烫。然而人们并不需要灯光发热消耗能量，假使能创造出像萤火虫一样不发热的光来那将是很理想的。几十年前，人们模拟了萤火虫发光的原理创造出日光灯（萤光灯）来，基本上达到了这种要求。

你知道吗

什么是辐射热

物体由于具有温度而辐射电磁波的现象，热量传递的三种方式之一。一切温度高于绝对零度的物体都能产生热辐射，温度愈高，辐射出的总能量就愈大，短波成分也愈多。一般的热辐射主要靠波长较长的可见光和红外线。由于电磁波的传播无须任何介质，所以热辐射是在真空中唯一的传热方式。

蜻 蜓

蜻蜓飞得很快，有些飞行时速可达 100 千米，而它又能在空中短暂停身不动。它飞行前进时不能灵活改变方向，要定住身体然后转向。在休息时翅膀仍旧外伸，即不能折叠翅膀，所以停留的地方要有相当的空间，多半在枝头或叶顶。

蜻蜓的交配与其他的昆虫有很大的区别，是在飞行中进行的。雄蜻蜓用腹部末端的钩状物抓紧雌蜻蜓的颈部；雌蜻蜓腹部由下向前弯，把生殖孔接到雄蜻蜓腹部第二节下面的贮存精子器官，而后雄蜻蜓进行授精。

红蜻蜓

蜻蜓为什么用尾巴点水？蜻蜓和其他许多昆虫都不一样，它的卵是在水里孵化的，幼虫也在水里生活，所以它们点水实际上是在产卵。雌蜻蜓产卵到水里面，多数是在飞翔时用尾部碰水面，把卵排出。我们常见的所谓“蜻蜓点水”，就是它产卵时的表演。

通过对蜻蜓的研究，人类发明了直升机。直升机的概念最早可追溯到中国古代的竹蜻蜓。据有据可查的历史记载，在晋朝葛洪所著的《抱朴子》一书中就描绘了通过旋转的竹蜻蜓垂直升空的情景和可以通过旋转的螺旋桨产生垂直的向上拉力，这被认为是世界上最早的对垂直起降直升机基本原理的描述。尽管这些记载尚缺乏可靠的依据，但竹蜻蜓对世界航空发展的贡献是举世公认的。

早在热气球发明之前，竹蜻蜓就作为玩具传到了欧洲，它的奇妙的垂直升空原理被欧洲人看作是一种航空器来进行研究。西方的许多航空先驱者都是从竹蜻蜓中悟出了一些重要航空原理。蜻蜓通过翅膀振动可产生不同于周围大气的局部不稳定气流，并利用气流产生的涡流来使自己上升。蜻蜓能在很小的推力下飞行，不但可向前飞行，还能向后和左右两侧飞行。此外，蜻蜓的飞行行为简单，仅靠两对翅膀不停地拍打。科学家据此结构基础研制成功了直升飞机。

飞机刚发明时，机翼在飞行中会发生颤振，飞得越快，颤振越厉害，甚至造成机翼断裂，机毁人亡。飞机设计师对此束手无策，后来他们想到地球上有 35 万种会飞的昆虫，好像神创造的 35 万种微型飞机，何不向它们请教呢？人们再次想到蜻蜓，因为它的外形很像双翼飞机。正当人们面对薄得透明的蜻蜓翅翼，对造物主的无穷智慧惊叹不止时，突然注意到翅翼上面有 4 颗黑痣，但研究不出它的作用。于是设计师们用外科手术刀小心地把翼痣刮去。结果蜻蜓飞行时飘来飘去，很不稳定。原来这四颗翼痣的作用是稳定蜻蜓的翅翼。于是飞机设计师门把飞机机翼的相应部位加厚加重，机翼颤振现象从此消失。

拓展阅读

《抱朴子》简介

《抱朴子》总结了战国以来神仙家的理论，从此确立了道教神仙理论体系；又继承魏伯阳炼丹理论，集魏晋炼丹术之大成；它也是研究我国晋代以前道教史及思想史的宝贵材料。东晋道家理论著作。东晋葛洪撰。

知识小链接

双翼飞机简介

双翼飞机是有上下并列配置的两副机翼的飞机。两副机翼前后配置的飞机称串翼机。双翼机的上下机翼用支柱和张线连成一个承力的整体，组成一个空间桁架结构。双翼飞机是旧式飞机。在现代的飞机中，除对载重量和低速性能有特殊要求的小型飞机外，双翼飞机已不多见。

屎壳郎为什么对粪球情有独钟

屎壳郎，学名蜣螂。世界上约有2300种，分布在南极洲以外的任何一块大陆。最著名的蜣螂生活在埃及，有1～2.5厘米长。世界上最大的蜣螂是10厘米长的巨蜣螂。

屎壳郎

大多数蜣螂营粪食性，以动物粪便为食，因此有“自然界清道夫”的称号。蜣螂发现了一堆粪便后，便会用腿将部分粪便制成一个球状，将其滚开。它会先把粪球藏起来，然后再吃掉。蜣螂还以这种方式给它们的幼仔提供食物，一对正在繁殖的蜣螂会把一个粪球藏起来，但是这时雌蜣螂会用土将粪球做成梨状，并将自己的卵产在梨状球的颈部，幼虫孵出后，它们就以粪球为食。等到粪球被吃光，它们已经长大为成年蜣螂，破土而出了。

“西方蜜蜂”的习性

蜜蜂的祖先出生在热带，所以性喜温暖，在气温低于10℃的时候就不能飞翔，可是蜜蜂的某些种类，像西方蜜蜂等，现在已经能在远离赤道的地方扎根。那么它们是怎样在温带立足，度过严酷寒冬的呢？

学者发现，在温带地方，天气寒冷之前，西方蜜蜂就忙碌地为贮存食物而奔波。一巢蜜蜂大概要积蓄起10千克以上的蜂蜜，才能满足度寒取食的需

蜜 蜂

要。冬天来临，蜂群紧缩成一团，通过微微颤动飞行肌的方式来产生热量，维持蜂团表面的温度，由于蜂巢一般都筑在避风向阳比较温暖的树洞里，因此通过生物产热，可以使蜂群的温度保持在10℃左右，于是也就很好地解决了越冬御寒问题。

蜜蜂也像其他生物一样，繁殖到一定程度，会向外扩展。以西方蜜蜂为例，蜂群在经过育虫阶段后，数量明显扩大，于是巢穴变得十分拥挤。这一条件会刺激工蜂，着手培育一批新的女皇。老蜂皇会从蜂群中带走大约二分之一的工蜂，开始到另一个地方去建立新的家庭。从生物学的观点来看，这种趋势是值得庆贺的，因为通过建立新蜂群，占据新的地盘，物种就愈趋繁荣了。老蜂皇和它所带领的工蜂离开老巢后，开始做一短距离的飞行，飞行几十米远，然后停在某一物体上（通常是大树的枝杈上），结成一个胡须状的蜂团。蜂群一安定下来，侦察蜂便离开蜂群，飞向四面八方，去考察新巢位。科学家发现，一个蜂群所以能够在新的环境中立足，最重要的一点就是要选择好巢穴。因为蜜蜂害怕寒冷，如果巢穴不能御寒，它们就无法度过严冬，也就无法生存了。

你知道吗

你知道全球共有多少自然带吗

以气候特点为标志划分大陆自然带，南半球和北半球从赤道向两极可分为：赤道带、热带、亚热带、暖温带、中温带、寒温带、亚寒带、寒带，全球共15个自然带。由于大陆自然带受到非地带性因素的影响而复杂化，每一自然带的典型特征在植被类型上具有较鲜明的表现。

侦察蜂是怎样找到新巢的

所谓侦察蜂，其实就是蜂群里资格最老的成员，数目大约占到整个分蜂群的5%。它们已经做过大量采集工作，因此对周围地区很熟悉。侦察范围十分广泛，在老巢四周10千米之内，都可以见到它们活动的踪迹。

一只侦察蜂为了考察一个巢位，大约需要40分钟。开始，每次在巢穴内的逗留时间不到1分钟，然后在巢外巡视，就这样进进出出交替地勘查。以后它进入洞穴的最深处，不断爬行，当考察完毕时，一般它已爬行了50余米，几乎踏遍了整个洞穴的内表面。有时在考察完其他巢穴后，也可能重新回到已考察过的巢位来，作再次考察。学者估计，这可能是为了检查一下该巢位在不同条件下的适应性。例如，当太阳照射角度改变后巢位的情况，或暴雨后洞穴是否受水淹等。

广角镜

蜜蜂的分类进化

根据化石资料，蜜蜂在第三纪晚始新世地层中已大量发现。它的出现与白垩纪晚期显花植物的繁盛密切相关。在分类上，蜜蜂总科与泥蜂总科接近，其祖先可能起源于泥蜂总科的一支。但因食性不同，形态特征也趋向分化。蜜蜂的进化特点是：嚼吸式口器，采粉器官形成，体毛分枝；成、幼期均吃花蜜和花粉；群体和社会性生活方式出现；多态型和总科内寄生性的出现等。

侦察蜂得到初步成果后，就会飞回蜂群处，用舞蹈的方式向蜂群宣布自己的发现。舞蹈的活泼程度，能够反映出巢位质量的好坏。一般地说，懒散的舞蹈动作表明巢位的质量欠佳。

当一只懒散地舞蹈着的侦察蜂，见到另一只侦察蜂在轻快地舞蹈着时，它会意识到自己的同伴一定已经寻找到一个理想的巢穴，于是就会飞去检查所指示的巢位。假如它的检查表明，这个巢位确实比较理想，它就开始用轻快的舞蹈在蜂群里为之鼓吹，通过这种方式，对各个侦察蜂的发现都进行了鉴定，并逐渐取得一致意见，于是就发出信号，共同飞往新的巢位。进入新巢后，在几小时之内，它们清除掉洞内的垃圾，进行必要的修补，于是一个新的“家庭”就这样建立起来了。

蚊子叮咬人的奥秘

炎热的夏天，烦人的蚊子非常地活跃，一不小心，就会被蚊子叮咬。蚊子是靠什么来很快地发现我们的位置呢？它又是靠什么叮咬我们的呢？我们都有一种生活经验，当几个人同住一个有蚊子的房间里时，经常是有的人被蚊子反复叮咬，而有的人却很少被蚊子叮咬或感觉不到蚊子的存在。这些问题既是每个人都想知道的，也是昆虫研究人员想要解决的。美国农业服务处昆虫研究中心蚊蝇部经过 30 多年的不懈努力终于揭开了这个秘密。

20 世纪 20 年代，昆虫研究人员就已经知道人与动物呼出的二氧化碳对蚊子有吸引作用。1968 年，农业服务处昆虫研究中心的艾克瑞等人发现汗液中的乳酸能吸引蚊子。但是，这两种化合物单独使用或混合使用都没有人的手臂对蚊子的吸引力大。这证明一定还有其他的化合物是蚊子的引诱剂。但在对汗液的成分进行分析时，研究人员所碰到的困难是，随汗水排出的物

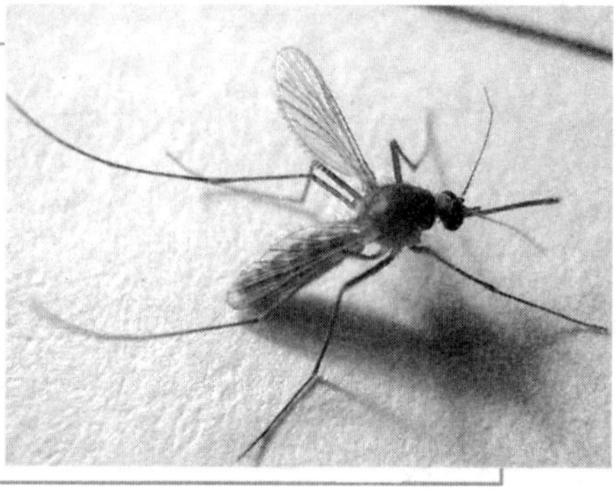

蚊 子

质挥发到空气中的少量物质是很难进行分析的，汗液中的大量水分对分析工作也是一种严重的干扰因素。不过，现在微量分析鉴定技术的迅速发展已经使科学家有可能对这种微量的物质进行分离和鉴定了。1999 年，蚊蝇部的伯尔尼尔与佛罗里达大学合作，采取用手掌揉擦小玻璃珠的方法取样，用气相色谱－质谱分析鉴定汗液中的成分。这种取样方法的优点是既能避免汗液中大量水分对分析工作的干扰，也能消除人体放出的角鲨烯对微量成分的干扰，在 2000 年，他们又进行了一次补充分析，在两次分析中共鉴定出 303 种化合物。

为了试验这 303 种化合物对蚊子的吸引作用，他们设计出一种专用的气味测量装置来进行实验研究。昆虫研究中心的技术人员发现，当用手触摸玻璃时留在玻璃上的残留物能吸引蚊子。擦上汗迹的培养皿对蚊子的吸引作用能保持长达 6 个小时。他们就用这一种诱饵来代替人的手臂作为标准对每个成分的引诱性能进行比较试验。经过对汗液挥发物成分与含量进行大量的组合匹配试验，他们发现乳酸、丙酮和二甲基二硫醚的混合物对蚊子有特别强的吸引作用。丙酮是人体代谢脂肪时放出的成分。二甲基二硫醚是细菌分解蛋白质时放出的成分。当把这三个成分单独使用时，它们对蚊子只具有中等的吸引作用。例如，乳酸只能吸引不到 20% 的蚊子；与丙酮混合时才能吸引 80% 的蚊子。但是，这也没有超过人的手臂对蚊子的吸引力。

二甲基二硫醚是构成引诱剂的主要成分。在二元混合物中加入这一成分后，就变得比一些人对蚊子的吸引力更大。这是在人工配制的引诱剂实验中发现的第一个成功的例子。科学家的研究目标是要配制出引诱力更强的引诱剂，让蚊子进入诱捕器来消灭蚊子。根据研究，大多数人身上排出的代谢物成分基本上是相同的，但每种化合物的量则因人而异变化很大。这也就说明了为什么蚊子在叮咬人时有不同的喜好。但是，目前还不清楚这些物质是如何通过相互作用来吸引蚊子的。例如，一些化合物在不同的浓度时有不同的吸引作用，在很低浓度时有吸引作用，而在高浓度时其吸引作用并没有增加。随意地把丙酮、乳酸和二甲基二硫醚混合在一起并不是好的引诱剂。因此，想要得到更好的引诱剂还有很多的工作要做。

伯尔尼尔领导的研究小组找到与人体汗液分泌物相当的引诱剂后，他们也就知道了如何寻找驱蚊剂的方法。他们利用在引诱剂中添加别的化合物使蚊子回避的方法找到一种驱蚊化合物。这一化合物能使引诱剂对蚊子的活性减少 6% 。与美国市场上出售的只有在蚊子接近或接触皮肤时才起作用的驱蚊剂不同，这一化合物使蚊子感觉不到目标物的存在。例如，在空气中释放这一化合物质，再向实验蚊子伸出手臂时，大多数蚊子甚至感觉不到有人的手臂在那里。它们的感觉器官显然是受到了干扰。由于专利权益方面的原因，他们没有报告这一化合物的名称。这一研究成果将有助于灭蚊研究的进展，从而开发出更多更安全的驱蚊剂。

拓展阅读

蚊子与疾病

疟疾这种病是由蚊子传播的。疟疾又称瘴气。在瘴气盛行的区域里，居民血液内有疟原虫的占 50%，患恶性疟疾的占 72%。1876 年开凿巴拿马运河时曾因黄热病及疟原死了无数的工人，以致 1889 年不得已而停工。后经昆虫学家解决了蚊子的问题才得以继续完成运河工程。

吃夫的螳螂

在动物世界，至少有 138 种动物经常发生亲情残杀，互相吞食的现象：父母吃子女，子女吃父母，妻子嚼食丈夫，兄弟姐妹互相残杀，对动物这种亲情残杀的现象，我们人类也许无法理解，但对于动物来

螳　螂

说，这种亲情残杀却是必需的，对繁衍强壮的后代以及控制群体数量是大有益处的。

雄螳螂向雌螳螂求欢是要以性命做代价的，交配前，雄螳螂万般小心地偷偷地从后边向雌螳螂靠近，爬爬停停，费很大的力气，并在鼓足勇气后，突然按住雌螳螂的身子与之交配。正当雄螳螂心醉神摇之时，雌螳螂闪电般回过头来一口把雄螳螂的头咬下来并吃进肚里。雌螳螂为什么要杀害与之交配的雄螳螂呢？这个问题一直使人们迷惑不解，后来科学家经过研究得出这样一种结论：雌螳螂并不是气恼雄螳螂施暴，怒火中烧而杀夫，而是为了刺激雄螳螂生精并确保精液持续注入其体内。原来，雄螳螂神经系统的抑制中心在头部，一旦雄螳螂丢掉了脑袋，随之也就失去了抑制机能，没有头的雄螳螂躯体内的精液就会流入雌螳螂体内，确保卵子受精。雌螳螂一边交配，一边从雄螳螂的头往尾部咬去，一直吃到雄螳螂的腹部为止，这时，雌螳螂不仅吃饱了，而且体内卵子也充分受精了，可以把获得丰富营养的卵子产下来。

但随着研究的深入，科学家又有一些新的发现。1984 年，科学家里斯克和戴维斯虽然同样在实验室里观察大刀螳螂交尾。但是做了一些改进：他们事先把螳螂喂饱，把灯光调暗，而且让螳螂自得其乐。人不在一边观看，而改用摄像机记录。结果出乎意料：在 30 场交配中，没有一场出现吃夫的情况。相反地，他们首次记录了螳螂复杂的求偶仪式：雌雄双方翩翩起舞，整个过程短的 10 分钟，长的达 2 个小时。里斯克和戴维斯认为，以前人们之所以频频在实验室观察到螳螂吃夫，原因之一是因为在直接观察的条件下，失去“隐私”的螳螂没有机会举行求偶仪式，而这个仪式能消除雌螳螂的恶意，是雄螳螂能成功地交配所必需的。

广角镜

螳螂的药用价值

螳螂可入药，即将螳螂的成虫干燥入药。螳螂有滋补强身、健肾益精、止搐定惊功能。主治体虚无力、阳痿遗精、小儿惊风抽搐、遗尿、痔疮及神经衰弱等症。

另一个原因是因为在实验室喂养的螳螂经常处于饥饿状态，雌螳螂饥不择食，把丈夫当美味。为了证明这个原因，里斯克和戴维斯在1987年又做了一系列实验。他们发现，那些处于高度饥饿状态（已被饿了5—11天）的雌螳螂一见雄螳螂就扑上去抓来吃，根本无心交媾。处于中度饥饿状态（饿了3—5天）的雌螳螂会进行交媾，但在交媾过程中或在交媾之后，会试图吃掉配偶。而那些没有饿着肚子的雌螳螂则并不想吃配偶。可见雌螳螂吃夫的主要动机是因为肚子饿。但是在野外，雌螳螂并不是都能吃饱肚子的，因此，吃夫现象还是时有发生。

1992年，劳伦斯在葡萄牙对欧洲螳螂的交配行为进行了首次大规模的野外研究。在他观察到的螳螂交尾现象中，大约31%发生了吃夫行为。在野外，雌螳螂大都处于中度饥饿。吃掉雄螳螂，对螳螂后代也的确有益。1988年的一项研究表明，那些吃掉了配偶的雌螳螂，其后代数目比没有吃掉配偶的要多20%。里斯克和戴维斯也承认，欧洲螳螂发生的吃夫现象可能比其他螳螂远为普遍，是它们给螳螂带来了恶名。但是，雄螳螂很显然不是心甘情愿地被吃的。

1886年，一位美国昆虫学家向《科学》杂志报告了他在实验室看到的雌螳螂在交配前吃掉雄螳螂的头，而无头雄螳螂仍设法完成交配的奇怪情景，这大概是关于这一现象的第一篇科学文献。稍后，法布尔在《昆虫记》中也描述了螳螂杀夫：“然而在事实上，螳螂甚至还具有食用它丈夫的习性。这可真让人吃惊！在吃它的丈夫的时候，雌性的螳螂会咬住它丈夫的头颈，然后一口一口地吃下去。最后，剩余下来的只是它丈夫的两片薄薄的翅膀而已。这真令人难以置信。”这段描述，我们虽不知道法布尔是亲眼所见，还是只是在转述一个公认的事实。不管怎样，随着《昆虫记》风靡世界，雌螳螂“杀夫”（或者更确切地说，“吃夫”）的恶名和雄螳螂“殉情”的美名也就尽人皆知了。生物学家们甚至试图论证“吃夫”的合理性。

知识小链接

《昆虫记》简介

《昆虫记》也叫作《昆虫物语》《昆虫学札记》和《昆虫世界》，是法布尔以毕生的时间与精力，详细观察了昆虫的生活和为生活以及繁衍种族所进行的斗争，然后以其观察所得记入详细确切的笔记，最后编写成书。《昆虫记》10大册，每册包含若干章，每章详细、深刻地描绘一种或几种昆虫的生活。《昆虫记》誉满全球，在法国自然科学史与文学史上都有它的地位，被誉为“昆虫的史诗”。

七星瓢虫躲避敌人的招数

七星瓢虫是著名的害虫天敌，成虫可捕食麦蚜、棉蚜、槐蚜、桃蚜、介壳虫、壁虱等害虫，可大大减轻树木、瓜果及各种农作物遭受害虫的损害，被人们称为“活农药”。

七星瓢虫有较强的自卫能力，虽然身体只有黄豆那么大，但许多强敌都对它无可奈何。它3对细脚的关节上有一种“化学武器”，当遇到敌害侵袭时，它的脚关节能分泌出一种极难闻的黄色液体，使敌人因受不了而仓皇退却、逃走。它还有一套装死的本领，当遇到强敌和危险时，它就立即从树上落到地下，把3对细脚收缩在肚子底下，装死躺下，瞒过敌人而求生。

七星瓢虫

瓢虫之间还有一种奇妙的习性：益虫和害虫之间界限分明，互不干扰，互不通婚，各自保持着传统习惯，因而不论传下多少代，不会产生“混血儿”，也不会改变各自的传统习性。

基本小知识

蚜虫

蚜虫又称蜜虫、腻虫等，多属于同翅目蚜科，为刺吸式口器的害虫，常群集于叶片、嫩茎、花蕾、顶芽等部位，刺吸汁液，使叶片皱缩、卷曲、畸形，严重时引起枝叶枯萎甚至整株死亡。

蜘蛛的网

蜘蛛，是我们常见的一种动物，对人类有益又有害，但就其贡献而言，主要是益虫。同时许多中医药中，都有用蜘蛛入药的记载，因此，保护和利用蜘蛛具有重要的意义。

蜘蛛，最令我们感到神奇的是它的“网”。大多数蜘蛛用最少的丝织成面积最大的网，网像一个空中滤器，陷捕未看见细丝的、飞行力不强的昆虫。网虽复杂，但一般在 1 小时内即能织成，多在天亮前完成。若网在捕食时破坏，蜘蛛会另织一个新网。

蜘　蛛

蜘蛛自身为什么不会被网粘住，以及在织网时如何切断弹力极强的丝，这些问题人们迄今尚未完全了解。织网时，蜘蛛先放出一丝，随风飘荡。如果丝的游离端未能粘在某物上，蜘蛛就会把丝拉回吃掉。若该丝牢固地粘在某物（如树枝）上，则蜘蛛从该丝桥上通过，再用丝把它加固。

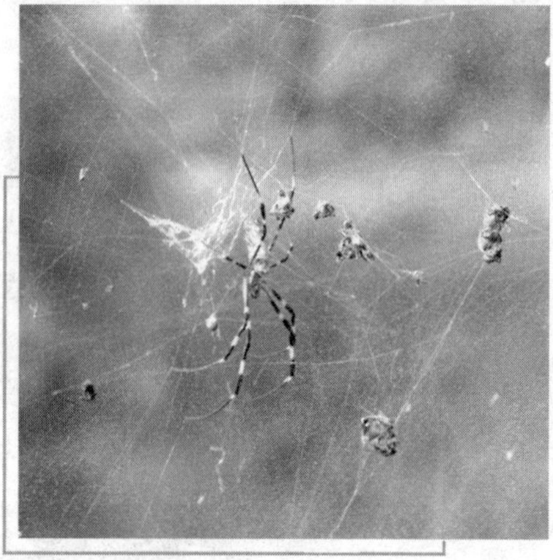

蜘蛛网

蜘蛛在桥的中央固着一丝，自身坠在一条丝上往下垂，到地面上或另一树枝上，把此丝黏着。蜘蛛回到中心，拉多根从网中心向四周辐射的辐射丝。然后，蜘蛛爬回网中心，从里向外用干丝拉临时的螺旋丝，各圈螺旋丝之间间距较大。然后蜘蛛爬到最外围，自外向网中心安置带黏性的较紧密的捕虫螺旋丝。一边结，一边把先前结的不带黏性的干螺旋丝吃掉。网全部完工后，有的蜘蛛从网中心拉一根丝（信号丝）爬到网的一角的树叶中隐蔽起来。

若有昆虫投网，通过信号丝的震动便可闻讯而来取食。有的蜘蛛头朝下留在网中心，等候猎物，有猎物时先用丝将其缠绕，再叮咬之并将其携回网中心或隐蔽处进食或贮藏。蝶蛾类较大，易于逃脱，故先叮咬后用丝捆缚。有的蜘蛛结共用网，几百只蜘蛛共同捕食。蜘蛛在控制某些昆虫的种群上可能起重要的作用。

广角镜

蜘蛛之最

最大的蜘蛛是南美洲的潮湿森林中的格莱斯捕鸟蛛。它在树林中织网，以网来捕捉自投罗网的鸟类为食。雄性蜘蛛张开爪子时有38厘米宽。最小的蜘蛛为展蜘蛛，曾在西萨摩尔群岛采到一只成年雄性展蜘蛛，体长只有0.043厘米，还没有印刷体文字中的句号那么大。捕鸟蛛，最大体长近10厘米，堪称“世界毒蜘蛛之王”。

蜘蛛丝可用于制造高强度材料，科学家积极研究利用蜘蛛丝来制造高强度材料。蜘蛛腹部后方有一簇纺器，内通体内的丝腺。该腺体分泌的蛋白质黏液能够在空气之中凝结成极牢固的蛛丝。由蛛丝编结成的、具有一定厚度的材料进行实验时发现，这种材料硬度比同样厚度的钢材高 9 倍，弹性比最具弹力的其他合成材料高 2 倍。专家认为，对上述蛛丝材料进一步加工后，可用其制造轻型防弹背心、降落伞、武器装备防护材料、车轮外胎、整形手术用具和高强度渔网等产品。英国剑桥大学一所技术公司试制成犹如蜘蛛丝一样的高强度纤维。利用纺织技术把这种纤维加以纺织或者做成复合材料，可以用来做防弹衣、防弹车、坦克装甲车等的结构材料。

金龟子的“计划生育”

金龟子成虫一般雄大雌小，危害植物的叶、花、芽及果实等地上部分。啮食植物根和块茎或幼苗等地下部分，为主要的地下害虫。金龟子的口器是舔吸式口器，以吸食植物流出汁液为生，比如花蜜或植物伤口流出的汁液。成虫咬食叶片成网状孔洞和缺刻，严重时仅剩主脉，群集为害时更为严重。常在傍晚至晚上 10 时咬食最盛。

金龟子在产卵之前，它们先挖好一个直径约 5 厘米、深 10 ~ 20 厘米的地道，地道顶端是宽敞的“贮藏室”，它们在里面堆满粪球，然后开始产卵。它先将大粪球搓成 6 ~ 7 个小粪球，再在每个小粪球上产 2—3 粒卵，这样金龟子产卵的总数就是 20 粒左右，正是因为搬运粪球很吃力，而且发育后的幼体的食量又很大，为确保每个后代都能得到发育所需要的营养，金龟子就采取这样的“计划生育”的办法，

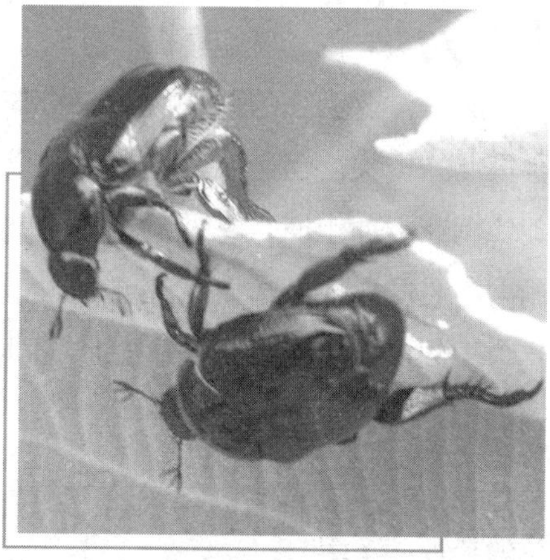

金龟子

从而充分保证了后代的成活率。

基本小知识

舔吸式口器

舔吸式口器在取食时伸出来的最大部分是下唇，下唇末端特化成海绵状的唇瓣以便于舔吸食物。下唇上面有一块细小薄片是上唇。而上颚完全消失，下颚也只剩一对触须。舐吸式口器为双翅目蝇类所具有，如家蝇、花蝇、食蚜蝇等。

为什么磕头虫会“磕头”

叩甲科的昆虫一旦被人捉住，便会在你手上不停地磕头，所以人们给它起了个形象的名字——磕头虫。磕头虫为什么会磕头呢？

磕头虫

难道它真还有什么特异的功能吗？要解开这个谜并不难，只要捉来一只磕头虫，认真地观察一番，看看它是怎样“磕头”的，就能真相大白。

原来，磕头虫的前胸腹有一个像合页似的机关。当磕头虫腹朝天，背朝地躺在地面上时，它便将自己的头用力向后仰，拱起体背，在身下形成一个三角形的空区，然后猛然收缩体内的背纵肌，使前胸突然伸直，这时候，它的背部就会猛烈撞击地面，在反作用力的作用下，磕头虫的身体就会被猛然弹向空中。

有趣的是，磕头虫的“磕头”姿势还很优美。当它腹部朝天弹向空中时，它便乘机在空中做个“前滚翻”，将身体翻转过来，等到落地时，它就能稳稳地站立在地面上了。

当它被人捏住时，仍会产生跳高时的同样反应，但由于被捉住无法弹跳起来往前翻，只好不停地头向下“磕”，碰到硬物就变成“磕响头”了。

飞跑冠军“虎甲虫”

虎甲虫

虎甲幼虫大多土栖，少数种类树栖；几乎全为捕食性，少数种类幼虫危害植物。其背部有1对倒钩，当捕获猎物时可以钩住洞穴周围，防止被猎物拖出洞外，故有“骆驼虫”的称号。幼虫共3个龄期，土中挖掘隧道，以“守株待兔”的方式袭击经过的小昆虫，并将猎物拖进洞穴进食，食物残渣会被清理出洞穴外。

世界上跑得最快的动物是虎甲虫，它在1秒钟内的奔跑距离可达自己身长的171倍。尽管猎豹以速度著称，但猎豹必须跑出每小时770千米的速度才能赶上这种昆虫。

金蝉脱壳

蝉的发育经过卵、幼虫、蛹、成虫四个阶段，这就是完全变态。也就是从幼虫到成虫外部形态发生了完全的变化。完全变态的昆虫动物还有苍蝇、蜜蜂、蚕、蚊子、蚂蚁等。它们先从卵里孵化出幼虫，幼虫成蛹再发育才能变成成虫，这类昆虫的幼虫与成虫完全是另一副模样。如毛虫是蝴蝶和蛾子的幼虫，蛆是苍蝇的幼虫。而金龟子的幼虫却是一条白色的、肉乎乎的虫子。

蝉，俗称“知了”，属于节肢动物昆虫类的动物，是常见的昆虫，其中最常见的种类是蚱蝉。蚱蝉栖息于山丘、平原等地的柳树、杨树等树木上，成虫飞翔能力较强，以树木的汁液为食物，雄蚱蝉善于鸣叫，雌蚱蝉在树木的嫩枝条中产卵，幼虫在地下生活多年，经过多次蜕皮以后，发育成蛹，从地下钻出，爬到树干高处变为成虫。

趣味点击　蝉诗赏析

西陆蝉声唱，南冠客思深。不堪玄鬓影，来对白头吟。

露重飞难进，风多响易沉。无人信高洁，谁为表予心？

作者骆宾王当时任侍御史，因上疏论事，政见不合，触怒了武后，遭到诬陷，以莫须有的贪赃罪名下狱。这首诗是他在狱中听蝉鸣有感而作。全诗虽写蝉声，却处处浸透着一种低沉、压抑的情绪。

蚱蝉身体长 40 ~ 48 毫米，黑色，有光泽，密密地生长着淡黄色的绒毛；身体分为头、胸、腹三部分，头上有 1 对短短的触角，在复眼和触角之间有黄褐色的斑纹，口器为刺吸式。雄性腹部有发声器。蚱蝉蛹蜕出的壳称为“蝉蜕”，可以入中药，主治感冒发热、咳嗽、音哑、麻疹、风疹等症。

鸟禽类动物的奥秘

DONGWU ZHONG DE AOMI

鸟禽类，脊椎动物的一类，由爬行动物的一支进化而来，其主要特征是：身体呈流线型，大多数飞翔生活。体表被覆羽毛，一般前肢变成翼；胸肌发达；消化系统发达；心脏有两心房和两心室，心搏次数快。体温恒定。呼吸器官除具肺外，还有由肺壁凸出而形成的气囊。

与其他陆生脊椎动物相比，鸟类是一个拥有很多独特生理特点的种类，在体积、形状、颜色以及生活习性等方面，都存在着很大的差异。例如非洲鸵鸟体高2.75米，最重的可达160多千克。最小的蜂鸟，体长只有50毫米。鸟能飞翔，但并不是所有的鸟都可以飞起来，比如鸵鸟。在会飞的鸟中，飞行最高的要算秃鹫了，飞行高度可在9000米以上。飞行最快的是雨燕，最快时速可达600多千米。飞行距离最长的则是北极燕鸥，可从南极飞到遥远的北极。在自然界，鸟是所有脊椎动物中外形最美丽，声音最悦耳，深受人们喜爱的一种动物。

飞行鸟类中的“巨人”

康多兀鹫又叫安第斯兀鹫，也有人叫它安第斯神鹰或南美神鹰。科学家经过长期观察和测量，确认康多兀鹫就是为数众多的飞行鸟类中的巨人。据记载，最大的一只康多兀鹫，两翅展开达 5 米宽，被人们称为“难以置信的巨鸟”。

安第斯兀鹫

当然，这是一个很特殊的个例。一般康多秃鹫体长约 1.3 米，两翅展开的宽度为 3 米，体重可达 11 千克，确实是鸟类中的庞然大物。因为康多兀鹫是一种猛禽，因而它也是世界上最大的猛禽。康多兀鹫不仅是世界上最大的飞鸟，还是世界上飞得最高的鹰类。有人做过测定，它的平均飞行高度为海拔 5000～6000 米，最高时可达 8500 米。

红红火火的火烈鸟

火烈鸟喜欢群居，在非洲的小火烈鸟群是当今世界上最大的鸟群。严格来说，火烈鸟不是候鸟。它们只在食物短缺和环境突变的时候迁徙。迁徙一般在晚上进行，为的是避开猛禽类的袭击，迁徙中的火烈鸟每晚可以 50～60 千米的时速飞行 600 千米。

与普通动物通过伪装的方式来逃避天敌不同，大火烈鸟羽毛鲜艳的颜色似乎非常引人注目，特别是一大群大火烈鸟一起飞翔时，其场景蔚为壮观，因此，大火烈鸟事实上是一种很容易被攻击的动物。这种鲜艳的红色并非是一种伪装，而是与这种鸟类所摄取的食物有很大的关系。

火烈鸟

那么火烈鸟一身的火红色，是怎么生成的？原来，肯尼亚坦桑尼亚裂谷区有许多湖泊，其中有的是咸水湖。这些湖泊地处大裂谷的谷底，都是地壳剧烈变动形成的火山湖。火山喷发后飘散的熔岩灰，经雨水的冲刷流入湖中，而这些湖泊都没有出水口。这样，长年累月，造成湖水中盐碱质沉积。这种盐碱水质和赤道线上强烈的阳光，是藻类滋生的良好条件。这些湖泊，特别是肯尼亚的纳库鲁湖和坦桑尼亚的纳特龙湖，都生长着一种暗绿色的螺旋藻。此种水藻正是火烈鸟赖以为生的主要食物。

为适应以水藻为食的条件，火烈鸟生有一个极其别致的长喙。长喙上平下弯，尖端呈钩状。每到浅滩觅食，火烈鸟就将其头埋到水中，用其长喙在水中搅动。这样，水中的有机物，特别是那些藻类浮游生物，就漂浮到水面。火烈鸟趁机一股脑儿吞到口中。口中生有一种薄筛状的过滤板，能将螺旋藻从浑水中过滤出来，然后吞下肚去。

广角镜

火烈鸟的进化历史

化石证据表明火烈鸟祖先早在3000万年以前的中新世就开始分化出来了，远早于大多数别的鸟类。1976年发现的化石暗示其祖先是类似于鹬鸻那样的滨岸鸟类。在安第斯山脉曾发现大约700万年前的火烈鸟脚印化石。

火烈鸟是自然界唯一用这种

过滤办法觅食的禽鸟。一只火烈鸟每天大约吸食 250 克螺旋藻。螺旋藻中除含有大量蛋白质外，还含有一种特殊的叶红素。这就是为什么火烈鸟的羽毛如火焰般鲜红的原因，于是，有人戏称大火烈鸟为“好色之徒”。当大火烈鸟进行周期性换羽，而体内色素沉积程度还不够时，它新长出的羽毛就是白色的。

肯尼亚大峡谷马加迪湖上的火烈鸟，不辞辛劳，飞越万重关山寻找它们特别喜爱的浅水滩上的碱性藻类，因为这是它们繁衍后代的唯一营养食物。鸟类飞行的“发动机”是胸肌，飞行时，双翼不只是单纯地上下扑动，还有向前推动的作用。许多鸟类靠着体内的生物钟，在感觉上能随时探知太阳位置，因而总能以太阳位置确定方位，这就是所谓的依据“太阳罗盘”进行的导航。

基本小知识

候鸟

候鸟是那些有迁徙行为的鸟类，它们每年春秋两季沿着固定的路线往返于繁殖地和避寒地之间。在不同的地域，根据候鸟出现的时间，可以将候鸟分为夏候鸟、冬候鸟、旅鸟、漂鸟。如果鸟类，在它避寒地则视为冬候鸟，在它的繁殖地（或避暑地）则为夏候鸟，在它往返于避寒地和繁殖地途中所经过的区域则为旅鸟。在一定广域范围，或是夏居山林，冬居平原处的则视为漂鸟。

蜂鸟惊人的记忆力

尽管蜂鸟的大脑最大只有一粒米大小，但它们的记忆能力却相当惊人。来自英国和加拿大的科研人员最近发现，蜂鸟不但能记住自己刚刚吃过的食物种类，甚至还能记住自己大约在什么时候吃的东西，因此可以轻松地吃那些还没有被自己“品尝”的东西。

自然界中的蜂鸟都拥有自己的势力范围，它们不但能清楚记住自己曾采过哪些鲜花的蜜，甚至能判断光顾这些花朵的“大概时间”，进而根据不同植物的重新分泌花蜜的规律来寻找新的食物。这样，当蜂鸟再次出动的时候，就能做到不去“骚扰”那些花蜜已经被自己采空的植物了。研究人员指出，这些惊人的举动让蜂鸟成为唯一一种能记住“吃东西地点和时间”的野生动物。此前，科学家认为，只有人类才会具有类似的判断能力。

一种加拿大蜂鸟每年冬天都要从寒冷的落基山脉飞行数千千米抵达温暖的墨西哥地区越冬，等到来年春天，它们还要再次千里迢迢地返回落基山繁育后代。科学家因此推测，蜂鸟拥有惊人记忆力的原因是，由于自身个体太小，年复一年的长途跋涉又需要很长时间，它们不能将宝贵的时间花费在寻找食物的工作上。研究人员宣称，小小的蜂鸟最多能分清楚8种不同类别鲜花的花蜜分泌规律。

拓展阅读

蜂鸟的分布

蜂鸟分布局限于西半球，在南美洲种类极多。约有12种常在美国和加拿大，只有红玉喉蜂鸟繁殖于北美东部新斯科舍到佛罗里达。分布最北的是棕煌蜂鸟，繁殖于阿拉斯加的东南部到加利福尼亚的北部。

飞鸽传书

公元前3000年左右，埃及人就开始用鸽子传递书信了。我国也是养鸽古国，有着悠久的历史，关于鸽子送信，我国古代流传着许多生动的故事和传说……目前，虽然尚不完全清楚古人是从何时开始驯养家鸽传递书信的，但到了唐宋时期，用信鸽传递书信便已很普遍了。

五代王仁裕的《开元天宝遗事》一书中辟有“传书鸽”章节，其中说：

"张九龄少年时，家养群鸽。每与亲知书信往来，只以书系鸽足上，依所教之处，飞往投之。九龄目为飞奴，时人无不爱讶。"张九龄是唐朝非常有才干有远见的政治家和诗人，他不但使用鸽子传书，而且还为他的信鸽取了"飞奴"这样一个爱称。《宋朝事实类苑》卷六一记载："今人驯养家鸽通信，皆非虚言也，携至外数千里，纵之，辄能还家。蜀人以事至京师者，以鸽寄书，不旬日皆得达，及贾人舶船浮海，亦以鸽通信。"其后元、明、清几朝，信鸽也一直是人们通信生活中的信使。

鸽　子

那么，鸽子为何能送信呢？答案众说纷纭，没有一致的观点。不少科学家认为，这是因为它能感受磁力与纬度，并能用这种感受来辨别方向，从而在经历长途飞行后能认路回家。

2004 年，英国研究人员对鸽子辨别方向提出新的观点："它们只是顺着来路飞行。"牛津大学动物学家对归家的鸽子进行了 10 年之久的研究，在最后的一年半里，他们采用了最先进的全球定位技术，得以跟踪这种飞禽所飞过的路径，误差在 1 ~4 米之内，结果发现鸽子似乎并不依赖其与生俱来的辨别方向的本能，而是按照道路系统飞行，这确实使研究人员感到意外。如果作远程飞行或首次飞行，鸽子会利用它们识别方向的天性，根据太阳和星辰辨别方位。但只要飞过一次，鸽子就会按熟悉的路线往回飞，很像人们下班后驱车或步行回家，也就是说，鸽子可以根据记忆中的"地图"飞行。

综上所述，鸽子本身应具备根据太阳或星辰，以及地磁辨别方向的能力，但它们同时具备较强的飞行路线记忆能力，因此即使在阴雨天或破坏磁场的情况下，它们仍然能够循原路飞回。

即使到了今天，通信技术已高度发达，利用信鸽传递军事情报，仍有军事作用。如高原哨所、孤岛驻军常常利用信鸽进行联系，全国各地的信鸽协会会员也总把自己多年精心驯养的良种信鸽，送到部队“参军”，不少鸽子还在执行任务中立下了军功。

爱情之鸽

在遥远的过去，鸽子曾被人们看成是爱情的使者。比如在古巴比伦，鸽子乃是法力无边的爱与育之女神伊斯塔身边的神鸟，在生活中则把少女称为“爱情之鸽”。

鸽子是“一夫一妻”制的鸟类。鸽子性成熟后，对配偶具有选择性，一旦配对就感情专一，形影不离。在同一鸽群中，若雌雄鸽数量不相等，还可能出现二公或二母的同性配偶。鸽子配对后，公母鸽都参加营巢、孵化和哺育幼鸽活动。鸽子在丧偶后要经过较长时间才能重新配对。

和平鸽的由来

把鸽子作为世界和平的象征，并为世公认，当属毕加索之功。1940 年，以希特勒为首的德国法西斯攻占了法国首都巴黎，当时毕加索心情沉闷地坐在他的画室里，这时有人敲门，来者是邻居米什老人，只见老人手捧一只鲜血淋漓的鸽子，向毕加索讲述了一个悲惨的故事。原来老人的孙子养了一群鸽子，平时他经常用竹竿拴上白布条做信号来招引鸽子。当他得知父亲在保卫巴黎的战斗中牺牲时，幼小的心灵里燃起了仇恨的怒火。他想，白布条表示向敌人投降，于是他改用红布条来招引鸽子。显眼的红布条被德军发现了，惨无人道的法西斯匪徒把他扔到了楼下，惨死在街头，还用刺刀把鸽笼里的鸽子全部挑死。

老人讲到这里，对毕加索说道："先生，我请求您给我画一只鸽子，好纪念我那惨遭法西斯杀害的孙子。"随后毕加索怀着悲愤的心情，挥笔画出了一只飞翔的鸽子，这就是"和平鸽"的雏形。

1950 年 11 月，为纪念在华沙召开的世界和平大会，毕加索又欣然挥笔画了一只衔着橄榄枝的飞鸽。当时智利的著名诗人聂鲁达把它叫作"和平鸽"，由此，鸽子就被正式公认为和平的象征。

知识小链接

毕加索简介

毕加索（1881—1973）出生在西班牙马拉加，是当代西方最有创造性和影响最深远的艺术家之一，立体画派创始人，他和他的画在世界艺术史上占有重要的地位。毕加索是一位多产画家。据统计，他的作品总计近 37000 件，包括油画 1885 幅，素描 7089 幅，版画 20000 幅，平版画 6121 幅。

孔雀为什么会开屏

趣味点击

《孔雀赋》

有炎方之伟鸟，感灵和而来仪。禀丽精以挺质，生丹穴之南垂。戴翠旄以表弁，垂绿蕤之森立。裁修尾之翘翘，若顺风而扬麾。五色点注，华羽参差。

我们知道，能够自然开屏的只能是雄孔雀。孔雀中以雄性较美丽，而雌性却其貌不扬。雄孔雀身体内的生殖腺分泌性激素，刺激大脑，展开尾屏。春天是孔雀产卵繁殖后代的季节。于是，雄孔雀就展开它那五彩缤纷、色泽艳丽的尾屏，还不停地做出各种各样优美的舞蹈动作，向雌孔雀炫耀自己的美丽，以此吸引雌孔雀。待到它求偶成功之后，便与雌孔雀一起繁育后代。

孔雀开屏

孔雀开屏还有一个重要的作用，就是保护自己。在孔雀的大尾屏上，我们可以看到五色金翠线纹，其中散布着许多近似圆形的“眼状斑”，这种斑纹从内至外是由紫、蓝、褐、黄、红等颜色组成的。一旦遇到敌人而又来不及逃避时，孔雀便突然开屏，然后抖动它沙沙作响，很多的眼状斑随之乱动起来，敌人畏惧于这种“多眼怪兽”，也就不敢冒然进犯了。

为什么说猫头鹰是“夜猫子”

科学家发现，猫头鹰的眼球呈管状，有人形象地把猫头鹰的眼睛形容为一架微型的望远镜。在猫头鹰眼睛的视网膜上有极其丰富的柱状细胞。柱状细胞能感受外界的光信号，因此猫头鹰的眼睛能够察觉极微弱的光亮。如果把鸟眼比做照相机的话，那么大多数适于白天活动的鸟的眼睛是小口径的标准镜头，猫头鹰的眼睛就是大口径、长焦距的望远镜头。因此在很长一段时间里，人们一直认为猫头鹰是靠视觉在黑暗中飞行和捕食的。但是，如果用一般鸟类所具有的视觉感觉系统来衡量猫头鹰的话，那么要达到

猫头鹰

猫头鹰这样的视力，它的整个脑部就得都由视觉神经组成！

基本小知识

视　网　膜

视网膜居于眼球壁的内层，是一层透明的薄膜。视网膜由色素上皮层和视网膜感觉层组成。色素上皮层与脉络膜紧密相连，由色素上皮细胞组成，它们具有支持和营养光感受器细胞、遮光、散热以及再生和修复等作用。

近代，先进的科学技术把对猫头鹰行为的研究推向新的阶段。一些鸟类学家把苍鸮（猫头鹰的一种）放在全黑的房间里，用红外摄影设备观察苍鸮的捕鼠活动。实验做得非常巧妙。室内除了地面上撒一些碎纸条外，没有其他任何东西。实验开始时，鸟类学家把一只老鼠放入实验室，开始录像。从录像上发现，只要老鼠一踏响地面的碎纸，苍鸮就能快速、准确地抓获它。正因为猫头鹰在夜间有这么好的视力，大家才习惯叫它“夜猫子”。

广角镜

不祥之鸟?

我国民间有“夜猫子进宅，无事不来”、“不怕夜猫子叫，就怕夜猫子笑”等俗语，常把猫头鹰当作“不祥之鸟”，称为逐魂鸟、报丧鸟等，古书中还把它称为怪鸱、鬼车、魑魂或流离，当作厄运和死亡的象征。产生这些看法的原因可能是由于猫头鹰的长相古怪，使得古人多用“鸱目虎吻”来形容凶暴之貌；猫头鹰在黑夜中的叫声阴森凄凉，使人更觉恐怖，因而古时又称它为“恶声鸟”。

鸟类学家们进一步研究发现，猫头鹰的听觉非常灵敏，在伸手不见五指的黑暗环境中，听觉起主要的定位作用。猫头鹰的左右耳是不对称的，左耳道明显比右耳道宽阔，而且左耳有很发达的耳鼓。大部分猫头鹰还生有一簇耳羽，形成像人一样的耳廓。猫头鹰的听觉神经很发达，一个体重只有300克的苍鸮约有9.5万个听觉神经细胞，而体重600克左右的乌鸦却只有2.7万个。

另外，猫头鹰脸部密集着硬羽组成面盘，而这个面盘是很好的声波收集器。猫头鹰硕大的头使两耳之间的距离较大，这可以增强对声波的分辨率。当一只猫头鹰在黑暗的环境中搜索猎物时，它对声音的第一个反应是转头，如同我们在听微小响动时侧耳倾听一样。但是猫头鹰并不是真正地侧耳倾听，它转头的作用是使声波传到左右耳的时间产生差异。当这种时间差增加到30微秒以上时，猫头鹰即可准确分辨声源的方位。猫头鹰一旦判断出猎物的方位，便迅速出击。猫头鹰的羽毛非常柔软，翅膀羽毛上有天鹅绒般密生的羽绒，因而猫头鹰飞行时产生的声波频率小于1千赫，而一般哺乳动物的耳朵是感觉不到这么低的频率的。这样无声地出击使猫头鹰的进攻更有“闪电战”的效果。据研究，猫头鹰在扑击猎物时，它的听觉仍起定位作用。它能根据猎物移动时产生的响动，不断调整扑击方向，最后出爪，一举奏效。当然，猫头鹰在捕食中视觉和听觉的作用是相辅相成的，它正是在各方面适应夜行生活而成为一个高效的夜间捕猎能手。

基本小知识

耳　鼓

耳鼓即为鼓膜的另一种叫法，在耳朵耳道内，即位于外耳与中耳之间的薄膜。鼓膜内表面与听小骨相连，当外界的音波使鼓膜震动，借听小骨传入内耳，我们就能听到声音了。

由于猫头鹰惯于夜间出来活动，捕捉田鼠进食。因此，它的睡眠时间是在白天。而它们睡觉的方式也很独特，总是睁一眼，闭一眼。

鸟类公寓的建筑师

织布鸟是一些以善于利用草茎和其他植物纤维筑巢而著称的小型鸟类，以及若干近缘鸟类的通称。它们特以筑巢著名，有些非洲品种还能编织复杂而悬吊的巢室。许多种织布鸟都具高度群集性。

织布鸟属雀形目，文鸟科，主要产于非洲，栖息在亚洲的大约有5种。

黄胸织布鸟

顾名思义，织布鸟的特色在于它们能够用草和其他植物纺织出它们的窝来。织布鸟喜欢群居，往往会在一棵树上筑造十几个鸟窝。南非的一种织布鸟的窝里同住多对夫妻，不过每对夫妻都有单独进出的门。典型的织布鸟雄性羽毛呈黑色和黄色，雌性不那么显眼，呈淡黄色或褐色，有些像麻雀。主教鸟是非洲常见的一种织布鸟，也是一种普通的笼鸟。雄性成鸟黑色的羽毛上点缀着红色、橙色或者黄色，雌性成鸟的样子还是像麻雀。有几种雄性织布鸟在繁殖季节过后会退去色彩鲜艳的羽毛，变得像雌鸟一样很不显眼。

喜欢群居的织布鸟是空中最友善的飞鸟。它们可以团结起来，在一整棵树上建造一种和“公寓大楼”一样的了不起的建筑。几百对织布鸟一起努力，建造起由许多独立巢穴构成的巨大鸟巢，最大直径可达7.6米，高1.5米。最后，每对织布鸟伴侣都分到一个房间。就和一座庞大的公寓楼一样，织布鸟建筑有各种各样通往房间的“地下室”入口。

拓展阅读

地球上数量最多的鸟

红嘴奎利亚雀也是一种织布鸟，产于非洲亚撒哈拉干燥的稀树大草原。样子像麻雀，但有明亮的红喙。在非洲的稀树草原上，它的数量达15亿之多，是地球上数量最多的鸟。有些鸟群大到需要5个小时，才能从你的头顶上飞过去。只有草才能养活如此庞大的群体，饥饿的鸟群以草的种子为食。

迷恋海洋风暴的"海岛卫士"

信天翁

航行在太平洋里的人们，常常可以看到一群振翅盘旋的海鸟——信天翁，追随着海轮寻觅食物。在蓝天碧海之间，信天翁能巧妙地利用海面的气流，像滑翔机一样高速翻飞，随便兜一个圈子，就是2000～3000米，在短短的1个小时里，能横扫113千米的海面。

信天翁是大洋里最大的海鸟，身长1米有余，展开双翅长度可达3.7米，体重8～9千克，披着一身犹如浪花似的白色羽毛，只是在双翼尖及尾羽有些黑褐色。有趣的是，信天翁能长时间地停留在空中，有时甚至几个小时不扇动一下翅膀，任凭风来吹送。故它最得意于令人胆战心惊的海洋风暴，这时信天翁便能驾驭长风进行搏击。据记载，一只信天翁在12天内能飞越5000多千米的距离。

信天翁不喜欢风平浪静的日子，因为海上没有上升气流供它们滑翔，它们不得不扇动那细长的翅膀。没有风的时候，它在陆地简直无法起飞。

尽管信天翁喜欢高翔蓝天，但很恋家园，一旦有敌害入侵，

广角镜

中途岛：信天翁的天堂

中途岛位于太平洋"心脏地"，距离最近的大陆也有2000英里（约3219公里）。这个曾在二战中扮演过重要角色、现在却罕有人至的小岛，现在是属于信天翁的。数百年来，它们与海龟、鹈鹕分享着这个面积不大，却拥有"人间天堂"美誉的小岛。

它们会奋起而攻之。这里还有一个传说，第二次世界大战的时候，美国海军准备在中途岛海域的一个荒凉小岛上建立军事基地，他们派出几名侦察兵，乘着夜色悄悄地登上荒岛侦察情况。可是，万万没有想到，这一行动竟惊动了岛上的主人——信天翁。顷刻间，这些“海岛卫士”一哄而起，直把他们全部赶下海去才算罢休。夜间侦察失败，美军决定白天继续登岛察看。然而，他们还未到达岸边，成群结队的信天翁鸣叫着向美国登陆的海军俯冲。强而有力的双翅，锐利的脚爪，尖尖的长喙，拼命攻击入侵者，这样，美军的登岛计划又一次受挫。在无可奈何的情况下，美军派出飞机前往轰炸。出人意料的是，轰炸反而激怒了附近海岛上的信天翁。它们蜂拥而至，同登陆的海军士兵展开了一场激烈的“血战”，斗得难分难解。

一不做，二不休的美军，竟然求助于毒气。顷刻间岛上毒烟翻滚，信天翁遍天抛尸，惨不忍睹。但是，幸存的信天翁并不屈服。岛上修公路、筑房舍和建机场的士兵，必须在高射机枪的火力掩护下，才能勉强进行作业。

后来，虽然机场修好了，飞机却无法飞行。信天翁时时成群在机场上盘旋，有时干脆与飞机在空中相撞，事故频频发生。据说，1957 年，美国海军准备在中途岛附近的另一个小岛上建立航空基地，岛上也有无数的信天翁。美军鉴于过去的教训，迟迟无法动工。

趣味点击　爱情忠贞的信天翁

信天翁繁殖较晚。刚发育成熟后，幼鸟会在繁殖季节临近结束时出现在繁殖地，但时间很短；接下来的几年内它们才会花越来越多的时间上岸来寻求未来的另一半。当一对配偶关系确立下来后，通常就会一直生活在一起，直到一方死亡。“离婚”只发生在数次繁殖失败后，并且代价很大，因为它们接下来几年内都不会繁殖，直至找到新的配偶。

信天翁体魄雄健，飞行矫健有力，不畏强风暴雨，许多岛上的居民都把它们奉作“天神”，世世代代和它们和睦相处，备加爱护。

啄木鸟为什么不会得脑震荡

啄木鸟是常见的留鸟，在我国分布较广的种类有绿啄木鸟和斑啄木鸟。它们专门觅食天牛、吉丁虫、透翅蛾、椿虫等害虫，每天能吃掉1500条左右。由于啄木鸟食量大，活动范围广，在13.3公顷的森林中，若有一对啄木鸟栖息，一个冬天就可啄食吉丁虫90%以上，啄食肩星天牛80%以上，所以，人们称啄木鸟是“森林医生”。

啄木鸟

据科学家测定，啄木鸟在啄食时，头部摆动速度相当于每小时2092千米，比时速55千米的汽车快37倍。它啄木的频率达到每秒15~16次。由于啄食的速度快，因此啄木鸟在啄木时头部所受冲击力等于所受重力的1000倍，相当于太空人乘火箭起飞所受压力的250倍。啄木鸟啄木时所承受的冲力这样大，那它为开么不会患脑震荡呢?

原来，啄木鸟的头骨十分坚固，其大脑周围有一层绵状骨

你知道吗

啄木鸟的舌头为何长在鼻孔里

啄木鸟的舌细长而富弹性，其舌根是一条弹性结缔组织，它从下颚穿出，向上绕过后脑壳，在脑顶前部进入右鼻孔固定，只留左鼻孔呼吸，这种“弹簧刀式装置”可使舌能伸出喙外达12厘米长，加上舌尖生有短钩，舌面具黏液，所以舌能探入洞内钩捕5目7科30余种树干害虫。

骼，内含液体，对外力能起缓冲和消震作用，它的脑壳周围还长满了具有减震作用的肌肉，能把喙尖和头部始终保持在一条直线上，使其在啄木时头部严格地进行直线运动。假如啄木鸟在啄木时头稍微一歪，这个旋转动作加上啄木的冲击力，就会把它的脑子震坏。正因为啄木鸟的喙尖和头部始终保持在一条直线上，因此，尽管它每天啄木不止，有时甚至多达上百万次，却能承受得起强大的震动力。

走近鸵鸟

鸵鸟，是产于非洲和美洲的一种体形巨大、不会飞但奔跑得很快的鸟，脖子长，没有颈毛，头小，脚有二趾。是目前世界上存活着的最大的鸟。多分布于非洲和阿拉伯半岛的部分地区。

雄鸵鸟高约 2.75 米，重达 155 千克左右，颈长几乎占身体的一半，雌鸟稍小。鸵鸟卵是现代最大的卵。雄鸟体羽大部呈黑色，但翅和尾羽呈白色；雌鸟大部为褐色。头和颈的大部分为淡红至浅蓝；稍有绒羽；头小，喙短而稍宽；眼大，褐色具浓黑色睫毛。它们生活在沙漠草原地带。群居，日行性。嗅觉、听觉灵敏，善奔跑，且可瞬间改变方向，在迅速奔跑时两翼张开，用以平衡，一步可跨 8 米，时速可达每小时 70 千米，能跳跃达 3.5 米。以植物的茎、叶、种子、果实及昆虫、蠕虫、小型鸟类和爬行动物等为食。

鸵　鸟

鸵鸟没有牙齿，却有着不寻常的胃，会大量吞食小石子，用来磨碎食物帮助消化，而石子会留在胃里不排泄。

由于沙漠中的食物稀少而分散，因而鸵鸟的采食效率非常高，这都要归功于它们开阔的步伐、长而灵活的颈子以及准确的啄食；鸵鸟的营养来源很广，它们主要吃植物的叶、花、果实及种子等，也吃小动物，属于杂食性。鸵鸟啄食时，先将食物聚集于食道上方，形成一个食球后，再缓慢地经过颈部食道将其吞下。由于鸵鸟啄食时必须将头部低下，很容易遭受掠食者的攻击，故觅食时不时地抬起头来四处张望。

一般传说鸵鸟在遇到危险时会把头埋进沙子里，因为看不到而不再害怕。这种说法其实是人类的一种错误的理解。鸵鸟生活在沙漠地带，那里阳光照射强烈，从地面上升的热空气，同低空的冷空气相交，由于散射而出现闪闪发光的薄雾。平时鸵鸟总是伸长脖子透过薄雾去查看，而一旦受惊或发现敌情，它就干脆将潜望镜似的脖子平贴在地面，身体蜷曲一团，以自己暗褐色的羽毛伪装成石头或灌木丛，加上薄雾的掩护，就很难被敌人发现啦。

广角镜

会做鸵鸟生意的南非人

其实论野生鸵鸟，沙特、埃及、苏丹，都比南非多得多，但要论养鸵鸟的历史和用鸵鸟生财的本事，就非南非人莫属了。南非人养鸵鸟始于1826年，最初鸵鸟的数量很少，后来由于西方王室贵族流行穿用鸵鸟羽毛制作的服装，鸵鸟一时间身价百倍，一只成年鸵鸟一年只能产1千克羽毛，而一件最简单的鸵鸟披肩也需至少15千克羽毛，因而南非农场主们纷纷饲养鸵鸟。

另外，鸵鸟将头和脖子贴近地面，还有两个作用，一是可听到远处的声音，有利于及早避开危险；二是可以放松颈部的肌肉，更好地减少疲劳。事实上，并没有人真正看到过鸵鸟将头埋进沙子里去的情景，如果那样，沙子会把鸵鸟憋死的。

人类的朋友——杜鹃鸟

春末夏初，当你在风景区内游览时，常常可以听到“布谷！布谷”的叫声，或者叫“早种包谷！早种包谷”，或着叫“不如归去！不如归去”，这种声音清脆、悠扬，非常悦耳动听。但当人们听到杜鹃鸟“不如归去”的叫声时，又不免愁怅、忧伤。山民们叫它“布谷鸟”，实际就是杜鹃鸟，认为它是催春鸟、吉祥鸟，也因此叫“布谷鸟”与“子规鸟”。

相传杜鹃鸟是战国时蜀王杜宇称帝，号望帝，死后的化身变的，而杜宇又是历史上的开明国王，当他看到鳖灵治水有功，百姓安居乐业，便主动让王位给他，自己不久就去世了，他死后便化作杜鹃鸟，日夜啼叫，催春降福，所以这种鸟十分逗人喜爱。

杜鹃鸟是典型的巢寄生鸟类，它不筑巢，不孵卵，不哺育雏鸟，这些工作全由小杜鹃鸟的义父母代劳，关于这些，有许多有趣的秘密。

首先，杜鹃鸟是怎样能将卵寄生在别的鸟巢中而不会被发现的呢？春夏之交，雌杜鹃要产卵前，它会用心寻找画眉、苇莺等小鸟的巢穴，目标选定后，便充分利用自己和鹞形状、大小及体色都相似的特点，从远处飞至。杜鹃鸟飞翔姿势也很像猛禽岩鹞；飞得很低，一会儿向左，一会儿向右地急剧转弯。间或拍打着翅膀，拍打得很响，用来恫吓正在孵卵的小鸟。正在孵卵的小鸟看见低空翱翔而来的猛禽的身影，吓得弃家逃命时，杜鹃鸟就达到了它恫吓的目的。

杜鹃鸟怎样把自己的蛋丢进别人的巢中呢？有的是直接产下去，而对于太小的或是难以钻进去的鸟巢，它就会先产下蛋，然后用喙小心地把蛋放到其他鸟蛋中间去。但是在放自己的蛋之前，杜鹃常常会从巢中把别人的蛋弄走一只（吃掉或扔掉）。

杜鹃鸟的体型比一些小鸟大得多，可是它产的蛋却很小，再加杜鹃蛋与巢主鸟的蛋在形状、色彩等方面又惊人地相似（自然选择的结果），所以就可以以假乱真，其他小鸟也就难辨真假了。

杜鹃蛋虽然小，发育却很快，往往会比巢主鸟的蛋早孵化或者同时孵化出来。小杜鹃一出世就忙着当搬运工，背着另一个小鸟（或者鸟蛋），用它那尚未发育健全的翅膀支撑着它，小心翼翼地向巢边爬去。它低下头，用额头顶着巢底，忽然急剧地向后仰去，将那只伏在它“肩”上的小雏鸟（或者鸟蛋）向上一扬，翻出巢外去。接着这个小“搬运工”滑到巢底，又钻到另一个牺牲品的下面，继续它的搬运工作。

小杜鹃在其孵化出来的几小时以后就产生了要把巢中所有东西甩掉的欲望。当义母回来，看见巢中只剩下唯一的幼雏，还会把这个“凶手”当宠儿来疼爱，更加精心地哺育小杜鹃。小杜鹃羽毛丰满后，它就不辞而别，远走高飞了。

杜鹃鸟虽然育雏习性不好，但它是著名的嗜食松树大敌松毛虫的鸟类。松毛虫是许多鸟类不喜欢吃的害虫，而杜鹃鸟却偏喜欢其美味。有人观察过，一只杜鹃鸟每小时能捕食 100 多条毛虫。另外，杜鹃鸟也食其他农林害虫，所以人们又称它是“森林卫士”。

杜鹃鸟会彻夜不停地啼鸣，它那凄凉哀怨的悲啼，常激起人们的多种情思，加上杜鹃鸟的口腔上皮和舌头都是红色的，古人误以为它“啼”得满嘴流血，因而引出许多关于“杜鹃啼血”、“啼血深怨”的传说和诗篇。

广角镜

杜鹃与文学

中国古代有“望帝啼鹃”的神话传说。望帝，是传说战国时蜀国的君主，名叫杜宇。后来禅位退隐，不幸国亡身死，死后魂化为鸟，暮春啼哭，至于口中流血，其声哀怨凄悲，动人肺腑，名为杜鹃。杜鹃在中国古典诗词中常与悲苦之事联系在一起。李白诗云：“杨花落尽子规啼，闻道龙标过五溪。”文天祥《金陵驿二首》：“从今却别江南路，化作啼鹃带血归。”

企鹅的起源之谜

企鹅是南极的土著居民，人们把它看作南极的象征。那么，南极企鹅的老家在什么地方？企鹅的祖先会飞吗？企鹅又是由什么动物进化而来的？这些问题迄今为止仍然是个谜。

有的科学家认为，南极洲的企鹅来源于冈瓦纳大陆裂解时期的一种会飞的动物。在距今大约 2 亿年前，冈瓦纳大陆开始分裂和解体，南极大陆被分裂出来，开始向南漂移。此时，恰巧有一群会飞的鸟在海洋上空飞翔，发现漂移的南极大陆是一块乐土，于是它们盘旋着、观看着、叽叽喳喳地“议论”着，最后降落在这块土地上。起初，它们生活得很美满，日子过得很舒服。然而，好景不长，随着这块大陆的南移，气候越来越冷，离温暖的大陆越来越远，它们想飞离这块地方已不可能了，只好在这块土地上安分守己地待下去。

不久南极大陆漂移到了现在这个地方，日久天长，终于盖上了厚厚的冰雪，原来繁茂的生物大批地死亡，唯有企鹅的祖先——一种会飞的动物活了下来。但是，它们却发生了脱胎换骨的变化，翅膀退化，由会飞变得不会飞了，成了大腹便便的胖子，行走的姿势也变成直立的了。与此同时，生理功能也发生了根本的变化，抵抗低温的能力增强，食性也有所改变。随着岁月的流逝，世纪的更替，终于进化成今天的企鹅。

上面的说法有些离奇，但也不完全是猜测，多少有些科学根据。古生物学家在南极洲曾经发现过类似企鹅的化石，它具有两栖动物的特征，这也许就是企鹅的祖先。企鹅起源问题的科学解释，仍然是生物学家所探索的课题，相信这个谜，在不远的一天终究会被揭开。

知识小链接

大陆漂移简介

大陆漂移学说早在19世纪初就出现了，最初的提出是为了解释大西洋两岸明显的对应性。直到1915年，德国气象学家阿尔弗雷德·魏格纳的《大陆与海洋的形成》问世，才引起地质界的震动。在这本不朽的著作中，魏格纳根据拟合大陆的外形、古气候学、古生物学、地质学、古地极迁移等大量证据，提出中生代地球表面存在一个泛大陆，这个超极大陆后来分裂，经过二亿多年的漂移形成现在的海洋和陆地。

公鸡为什么早上会报晓

公鸡打鸣，母鸡下蛋，这是再平常不过的事了。但是公鸡为什么会打鸣呢？原来，除了枭（猫头鹰）、鸮（一类类似于枭的猛禽，它们的区别是枭的头部有两朵像猫耳的羽毛，而鸮没有）等少数鸟类外，其他的鸟在夜间都是看不到东西的。公鸡也是一样，在夜里，它们随时都有可能受到攻击，所以感到非常不安。

到了清晨，公鸡的眼睛又能够看到东西了，于是很兴奋。为了表达这种兴奋的心情，就兴奋地打起鸣来。这也是公鸡对于光刺激的一种本能反应。经过很长的时间，早上打鸣已成为公鸡的一种习性保存下来。现在，即使将公鸡放到黑暗的

趣味点击　呆若木鸡的由来

呆若木鸡典出《庄子·达生》。说周宣王特别爱看斗鸡，他请齐国驯鸡高手训练出一只常胜不败的斗鸡。这只鸡站在那里，心神安定，不骄不躁，看上去就像木鸡一样，别的鸡见到它这副样子，全都吓跑了，不敢与它斗。现在呆若木鸡的意思已演变成了人因恐惧或惊讶而发愣的样子。

地方，让它看不到光线，到了清晨，它还是一样要打鸣的。

公鸡的大脑和小脑之间，有一种松果形状的内分泌器官，一到晚上，就分泌出“黑色紧张素”。这种激素对光特别敏感，当光的波长越过公鸡头盖骨时，它就产生化学反应，成了一种奇特的“生命钟”。随着地球自转的规律，在光的作用下，公鸡也就能够及时报晓了。

此外，公鸡也是一种很好斗的动物，它通过打鸣来告诫其他的公鸡，不要到它的领地来，否则就不客气了。公鸡还通过打鸣来引起母鸡的注意，来提醒母鸡，这有一个美男子，可千万不要到别的地方去。总之，公鸡打鸣有很多不同的含义，因此啼叫的方式也有很大区别。

鸡的语汇很丰富

近些年来，随着科学技术的发展与进步，各国科学工作者们相继对许多动物在“生活起居”、“谈情说爱”方面的“语言”进行了广泛而深入的研究，取得了一些有趣的成果。莫斯科大学的生物学家，曾对自然界500多种动物的“语言”做了认真的研究，证明无论是青蛙、鸡，还是驴、马、大灰狼等动物，都有一整套属于各自家族的“语言”和“词汇”。

以人们熟悉的鸡为例，以往人们总以为母鸡很笨，其实它们的“语汇”是相当丰富的，其“语言”信号诸如警报、觅食、接触、爱情等达几十种之多。如母鸡的惊叫有好几种不同的声意，有的表示老鹰空袭，有的警告猛兽窜犯……而小鸡则根据这些不同的声音本能地做出不同的反应：若遇前者，它们往往朝妈妈的翅膀下钻；若遇后者，小鸡们便会四散逃跑并寻隙躲藏起来。

同样是在旷野觅食，其发出的信号也有差别，有的表示“我找到吃的了，快到这边来”，有的则告知“这儿食物不多”等等；老母鸡不时发出咯咯的叫声，不紧不慢，表示“妈妈在你们的身边，你们放心觅食吧”，小鸡们听到这种充满母爱的声音后，即使遇到其他怪叫的声音也不会惊慌了。

专家研究发现，这些母鸡的声音频率为 200～600 赫兹，这是鸡耳朵可接收的最佳波段。他们用人工合成的母鸡的这种叫声进行试验，小鸡的反应就同听见鸡妈妈的叫声一般亲切。有趣的是，小鸡早在破壳的前三天，就已经会以啾啾的柔声细语同它的妈妈“对话”了，起初的声音十分轻微，后来人们耳朵贴着蛋壳即可听见。这些牙牙学语声，或哀告“我热死了”，或抱怨“我冻僵了”，而抱窝的母鸡便根据“宝宝”们的不同要求，或停止孵蛋，或暂时不去觅食而继续抱窝……

更为奇怪的是，蛋是在不同日子先后下的，但雏鸡都会差不多同时破壳而出。如果是人工孵化，却往往要延续两三天之久。那么，母鸡是如何攻下这道“科研难题”的呢？研究发现，原来母鸡在孵蛋过程中所发出的叫声对雏鸡起着刺激和调节作用，而让“宝宝”们同时出世。

如今，母鸡孵蛋时发出的信号已被“破译”，工程师也已经造出人工音响的“母鸡”用于工业孵化场。这样，小鸡不仅可以同时出壳，而且听见模拟“母鸡”的叫声即来集合报到。此外，刚出壳的小鸡中的小公鸡发出的声音也不一样，电子译码器则可以分辨出这些细微的差异来。于是，利用这种自动装置挑选母鸡就十分容易并准确无误。

动物“语言学”的研究，对于牧场和养禽业的发展并建立自动化生物学技术系统铺平了道路。在饲养场内，千万只鸡鸭的叫声相当嘈杂，但是用现代技术便可以从其叫声中得知它们缺少吃喝了呢，还是有外敌入侵？自动装置即可立即查明情况，便于采取相应的对策与措施。

鹦鹉为什么会说话

鹦鹉为什么会说话呢？其实秘密就在于它特殊的生理构造：鸣管和舌头。人和鹦鹉虽然都会说话，但鹦鹉的发声器与人类的声带有所不同，鹦鹉的发声器叫鸣管，位于气管与支气管的交界处，由最下部的 3～6 个气管膨大变形后与其左右相邻的 3 对变形支气管共同构成。

一般的鸟儿能够发出频率不同、高低不同的声音，那是因为当气流进入鸣管后随着鸣管壁的振颤而发出不同的声音。而鹦鹉的发声器官除了具备最基本的鸟类特征之外，其构造比一般的鸟儿更加完善，在它的鸣管中有四五对调节鸣管管径、声率、张力的特殊肌肉——鸣肌，在神经系统的控制下，鸣肌收缩或松弛，发出鸣叫声。

鹦 鹉

在鹦鹉整个鸣管的构造上，鸣管也与人的声带构造很相近，只不过人的声带从喉咙到舌端有 20 厘米，呈直角，而鹦鹉的鸣管到舌端 15 厘米，呈近似直角的钝角。而这个角度就是决定发音的音节和腔调的关键，越接近直角，发声的音节感和腔调感越强，所以，鹦鹉才能够像人类一样发出抑扬顿挫的声音和音节。

还有就是鹦鹉的舌头，它的舌头非常发达，圆滑而肥厚柔软，形状也与人的舌头非常相似，正是因为具备了这样标准的发声条件，鹦鹉便可以发出一些简单但准确清晰的音节了。

基本小知识

音 节

音节是听觉能感受到的最自然的语音单位，有一个或几个音素按一定规律组合而成。汉语中一个汉字就是一个音节，每个音节由声母、韵母和声调三个部分组成；英语中一个元音音素可构成一个音节，一个元音音素和一个或几个辅音音素结合也可以构成一个音节。

“与狼共舞”的牙签鸟

每当提到鳄鱼，大家都会毛骨悚然。鳄鱼是凶残的，但是小小的牙签鸟却敢于从鳄鱼口中取食。牙签鸟因为这种同鳄鱼的亲密关系，又被称为鳄鱼鸟。

当凶猛的鳄鱼饱餐一顿后，就会在河边闭目养神，或爬到沙滩上沐浴阳光。这时，常常有许多牙签鸟在它背上飞来飞去，好像在跟鳄鱼亲切交谈。当鳄鱼酣酣入睡时，牙签鸟却毫不客气地拍打着翅膀，将它从甜梦中惊醒，鳄鱼便百依百顺地张开大嘴，让牙签鸟飞到口腔里，去啄食它牙缝中残食剩饭。牙签鸟迅速地把嵌在鳄鱼牙齿缝间的鱼、蚌、蛙、田螺等肉屑一一啄取吞进腹内。

鳄鱼虽然被这样的卫生服务员打扫得舒舒服服，但饱餐后的鳄鱼有时也会突然一梦不醒地闭合大嘴，让人为这种虎口取食的牙签鸟而担忧。不过，牙签鸟自有解脱之法。它用尖硬的喙轻轻地碰刺鳄鱼松软的口腔，鳄鱼便会立刻张大嘴，让这些鸟继续工作或飞离。

鳄鱼对待弱小动物凶恶残忍，为什么对待牙签鸟却是这样的仁慈和谦让呢？这是因为，牙签鸟是一种非常机敏的鸟类，它在啄食鳄鱼牙缝中的残食时，格外警惕周围的一切，充当着鳄鱼的义务警卫员。一旦发现敌情，便惊叫几声向鳄鱼报警，鳄鱼得到报警信号后，便潜入水底避难。可见，牙签鸟不仅是鳄鱼的“活牙签”，还是它忠实的朋友。

一般人还认为，牙签鸟是鳄鱼的牙科医生，没有它们的帮助，鳄鱼的牙齿就会坏掉。多少年来，人们一直对这个说法坚信不疑，并且把牙签鸟和鳄鱼的友谊当成是动物之间互惠共生的范例。然而近年来，一些动物学家却提出了不同的看法。

他们认为，现在到非洲大陆旅游的人越来越多，其中有不少摄影家或摄影爱好者。如果他们见到了小鸟钻到鳄鱼嘴巴里的有趣场面，无论如何也会摄下这珍贵的镜头。然而，这样的照片却一张也没有。另外，到非洲进行考察的众多科学家，也都没有见过这种奇异的现象，只有两位动物学家自称看到过牙签鸟飞到鳄鱼嘴里吃东西的场面，但他们讲述的事情都没有具体的时间和地点，没有真凭实据，不能让人信服。

为了揭开这个谜团，美国加利福尼亚州大学的鸟类专家豪威尔专程来到非洲埃塞俄比亚的甘贝拉地区，进行了两个半月的考察。因为多数动物学家认为，牙签鸟应该是分布在尼罗河流域的“埃及鸻”，而甘贝拉地区正是研究埃及鸻最理想的地方。同时，这里还有很多非洲鳄鱼。

这种被叫作“牙签鸟”的埃及鸻，大小跟鸽子差不多，长着黑、白、灰、浅黄 4 种颜色的羽毛，远远望去，特别醒目。这些小鸟特别勇敢，只要有同类或猛禽入侵它们的“领地”，它们就会展开双翅进行攻击，就算是老鹰，也会在它们的顽强攻击下败下阵来。

在长达两个半月的考察中，豪威尔教授不辞劳苦，早出晚归，发现了埃及鸻的不少有趣的生活习性，这都是前人从未了解到的。但他从来没有看到埃及鸻在鳄鱼嘴里啄食的现象。因此这位鸟类专家认为，即使鳄鱼与牙签鸟是好朋友的故事是有根据的，也是十分罕见的现象，不应该把它看作是动物之间互惠共生的范例。

知识小链接

尼罗河简介

尼罗河是一条流经非洲东部与北部的河流，与中非地区的刚果河以及西非地区的尼日尔河并列非洲最大的三个河流系统。尼罗河有两条主要的支流，白尼罗河和青尼罗河。发源于埃塞俄比亚高原的青尼罗河是尼罗河下游大多数水和营养的来源，但是白尼罗河则是两条支流中最长的。

可以为人们导航的鲣鸟

在我国浩瀚的南海海面，撒着一片珍珠似的岛屿、礁石、沙洲，古时叫七洲洋，也就是现在的西沙群岛。东岛是西沙群岛中的一个小岛，位于永兴岛东南20海里处，面积仅10万平方米左右，东岛盛产鲣鸟，被誉为鲣鸟的故乡，又称鸟岛，是鲣鸟的自然保护区。

世界上鲣鸟有9种，都分布在热带海洋，我国有白鲣鸟和褐鲣鸟两种，都是国家二级保护动物。白鲣鸟又名红脚鲣鸟，嘴大而直，筒状，绿色；羽衣洁白，脚短小趾间有蹼，能游水但不善行走。它们的飞翔能力极强，能在海上连续飞行，时速达50千米。

每天清晨，鲣鸟成群结队飞向大海，在海面盘旋寻找鱼群，当地渔民常通过跟踪鲣鸟来寻找鱼群并撒网，故称它为“导航鸟”。晚上鲣鸟准确地飞回岛上。鲣鸟对气候的变化也十分敏感，每当台风或暴雨即将来临之时，它们就及早返回岛上，渔船见到这种情景，也立即收网返航，所以渔民又称它为“气象”鸟。

鲣鸟的胆子很大，并不畏人，人们上岛，它们并不飞走，甚至可以接近抚弄。每年春夏之时是鲣鸟的繁殖季节，这时的鲣鸟会变得很凶猛，受到人的惊动，会向人俯冲，嘎嘎叫着把粪便洒向人们。由于岛上鲣鸟很多，它们的巢高低错落，充分利用空间，有的巢离地面仅60厘米，小鲣鸟出世后，长着白色羽毛的一巢巢小鸟，把绿色丛林点缀得白蒙蒙一片，如秋天的棉花地，十分壮观。

鲣鸟有坚固的骨骼，嘴上方的鼻孔可以完全闭塞，头部和胸部的皮下有海绵状的空气层，可以缓冲从高处往水中跳时产生的冲击力。

鲣鸟在捕鱼返回时，常遭到贼鸥的袭击。贼鸥性情凶猛，长嘴具锐利的弯钩，它常守在岛上，发现有飞回的鲣鸟就迅速出去，用嘴咬住鲣鸟的尾和翼，或用身体撞击，迫使鲣鸟把鱼呕吐出来，而它则迅速在空中接住，扬长而去。当地人称它为“强盗鸟”。于是，鲣鸟就不得不再去海中捕鱼。好在贼鸥的数量远不如鲣鸟多，尚不足威胁鲣鸟的生存。

犀牛鸟

凶猛的非洲鳄鱼有牙签鸟做朋友，无独有偶，凶猛的非洲犀牛也有自己的鸟类朋友，这就是犀牛鸟。

犀牛的性情暴躁，凶猛无比。它发起脾气来，就是狮子、大象也都怕它几分。可是它却能容忍一种非常柔弱的小动物——犀牛鸟，在自己背上跳来跳去，肆意玩耍，并且它们还是形影不离的亲密伙伴，这又是为什么呢？

犀牛和犀牛鸟

原来犀牛的绝大部分皮肤都坚如铁甲，但是褶皱处却非常嫩薄，经常受到一些吸血昆虫的骚扰。犀牛虽然是疼痒难忍，但却无可奈何。而栖息在犀牛背上的犀牛鸟，却把藏在犀牛皮肤皱褶里的恶虫当作美食。它总是无拘无束地在犀牛背上蹦蹦跳跳，甚至毫不客气地跳到犀牛的嘴巴或鼻尖上去，不断地啄食着小虫，把犀牛伺候得舒舒服服，同时它自己也吃得饱饱的。

非洲犀牛

借助着犀牛利角的保护，犀牛鸟也免遭了鹰的伤害。犀牛的嗅觉和听觉都很灵敏，可就是个近视眼，猎人们常常逆着风来偷袭它，它却一点也察觉不出来。自从它的朋友们停栖在背上，再也不用提心吊胆地过日子了，一旦发现敌害，小黑鸟们就上下翻飞，给犀牛报警。犀牛非常感激小黑鸟，它们建立了“共生”关系，彼此亲密得像同胞兄弟一样，因此人们将这些小鸟称做“犀牛鸟”。天长日久，它们便建立了深厚的感情，再也离不开彼此。

非洲人很喜欢犀牛鸟忠实于朋友的品格，他们常把自己喜爱的人称之为“我的犀牛”，这是因为他们把自己比作了“犀牛鸟”。

知识小链接

犀牛简介

犀牛是哺乳类犀科的总称，主要分布于非洲和东南亚，是最大的奇蹄目动物，也是体型仅次于大象的陆生动物。所有的犀类基本上是腿短、体粗壮，皮厚粗糙，并于肩腰等处成褶皱排列；毛被稀少而硬，甚或大部无毛；耳呈卵圆形，头大而长，颈短粗，长唇延长伸出；头部有实心的独角或双角（有的雌性无角），起源于真皮，角脱落仍能复生。

恩爱夫妻

恩爱夫妻的典范——鸳鸯，指亚洲的一种亮斑冠鸭，是经常出现在中国古代文学作品和神话传说中的鸟类。中型游禽，鸭科，雄鸟羽色华丽，头部有暗绿紫色长羽冠，翅上有一对扇状栗黄色羽片，像船帆竖起，雌鸟体羽灰褐色，以种子、果实、小鱼、蜗牛、昆虫等为食，栖息于内陆湖泊及山麓江河中，雌雄平时成对生活而不分离，是有名的观赏鸟类，中国特产，已列为国家二级保护动物。

民间传说鸳鸯一旦配对，终身相伴，因而将其视为爱情的象征。传说，如配偶一方因故死亡，则另一方从此独居，但长期跟踪观察结果表明，该鸟并非如此，尤其雄鸟往往“花心”，所以有些科普文章戏称之为“爱情的骗子”。

但不管怎么说，鸳鸯睡觉时，确实很恩爱。白天形影不离，晚上睡觉时，雄的以右翼掩盖住雌的身体，雌的以左翼掩盖住雄的身体，恩爱地“同枕共眠”。

鸟儿如何选邻居

欧洲科学家最近发现，鸟儿的大脑远比人类想象的要复杂，鸟儿其实是一种非常聪明的动物，在选择搭窝地点以及决定来年是否返回旧巢时，都会参考邻居的后代繁殖情况，这是因为筑巢地点的好坏可能决定鸟儿后代的兴衰。

科学家早就发现，许多鸟类在筑巢前都有先观察邻居的习惯。为了弄清楚鸟儿是否能够使用“窥视”邻居后收集到的信息，瑞士伯尔尼大学的科研小组对瑞士的哥得兰岛上的捕蝇鸟进行了长期的跟踪调查。

第一年春天，科学家将捕蝇鸟刚孵化出来的小宝宝从窝中取出来，将它们集中挪到某一地区的鸟巢中（科研人员事先在该地区建起了许多新鸟巢），这样，研究人员就人为地制造出鸟巢繁盛的地区和一些几乎没有鸟巢的地区，然后对这两个地区进行了长达三年的观测。结果发现，鸟巢繁盛的地区，成为外来鸟筑巢的首选地点，这些后来者明显认为鸟巢繁盛地区有利于传宗接代。

但鸟类数量的增加同时也意味着幼鸟分得的食物减少了，鸟儿的“体质”也随之下降。这些地区的“老居民”很明显发现了这些变化，于是来年就改到其他地方筑巢，使不同地区鸟类数量基本保持平衡。而外来的鸟则不能很快发现这些变化，第二年还会继续在此地筑巢。

无独有偶，法国鸟类学家对三趾鸥的观察也得出了相似的结论，认为鸟类和人一样能判断并选择自己的居住地。有关专家指出，这一新发现让人们了解了动物行为对繁殖生物学的重要意义，为鸟类保护者提供了重要的信息。

鸟类为什么没有牙齿

动物的食性与牙齿类型和消化系统特点有密切关系。动物的牙齿有三种类型：切齿、磨齿和尖齿。那鸟类为什么没有牙齿呢？其实，鸟的祖先是有牙齿的，科学家对鸟的祖先“始祖鸟”的化石进行研究，发现始祖鸟长着牙齿。然而奇怪的是，今天的鸟为什么没有牙齿了呢？

研究表明，鸟在漫长的进化过程中，从地上移到天空中活动，每天忙碌地飞翔和捕食，使它们的消化器官发生变化，它们的食道中有一部分膨胀变大，形成嗉囊，食物可以暂积存在这里。它的胃也变化为两部分，前半部分叫前胃，后半部分叫沙囊，里面有很多沙粒，食物从嗉囊先进入沙囊，由沙子把它磨碎，再返回前胃消化。沙囊里的沙子就代替了牙齿，而且它磨碎食物的效率要比牙齿咀嚼高得多，牙齿也就用不上了。

拓展阅读

始祖鸟化石的意义

始祖鸟化石分布在德国南部。它的德文名字意指“原鸟”或“首先的鸟”。始祖鸟生活于恐龙时代，但是由于与同时拥有鸟类及兽脚亚目的特征，因此与恐龙有所区别。它的羽毛与现代鸟类相似，但它却在颚骨上有锋利的牙齿，脚上三趾都有弯爪及有长的骨质尾巴。这些特征正好与兽脚亚目恐龙相似，使得始祖鸟成为演化过程的重要角色。

另外，鸟类过着飞行生活，活动强度大，新陈代谢快，每天需要消耗巨大的能量。为了满足需要，它必须不断地努力寻找食物，尽快加以吞食和消化。为了适应飞翔生活，鸟类便产生了新的取食方式。

这种取食方式的特点是，没有牙齿，用圆锥形的嘴——喙，来啄食，将整粒或整块食物快速吞下，然后将食物贮藏在发达的嗉囊中。食物在嗉囊中经软化后逐步由沙囊磨碎，再由消化系统的其他部分陆续加以消化、吸收。这种方式不需要牙齿和与此有关的系统，大大减轻了体重。研究发现，鸟类身上与取食有关的骨骼重量，大约只占头骨重量的三分之一。而其他的动物，相应骨骼的重量占头骨总重量的比例不小于三分之二。鸟类不用牙齿后，导致与取食有关的骨骼退化，从而大大减轻了头骨总重量，因此更有利于飞行。

候鸟为什么要迁徙

候鸟都有迁徙的习性，可它们为什么要迁徙呢？科学研究证明，候鸟迁徙的原因很多，主要的以下四种原因：

第一是生理原因。每年春天，是鸟类的繁殖季节，于是候鸟就成群结队地飞往北方，去寻找合适的繁殖地带，产卵繁殖后代。

第二是历史原因。据史料记载，历史上地球曾经多次发生过冰川现象。冰川以后，北半球冰天雪地，气候异常寒冷，几乎所有的昆虫都被冻死了，生活在北方的鸟被迫离开故乡，迁飞到南方温暖的地带。当冰川融化以后，这些鸟由于留恋故乡又飞回北方。由于冰川的周期性，使得一些鸟也形成了季节性迁飞的习性。

第三是生活环境的原因。冬天到来时，适合一些鸟生息繁衍的地方气温下降，日照时间变短，由于气温的变化，它们的食物，如一些昆虫、植物的果实和种子也大量减少。恶劣的环境迫使一些鸟迁飞到南方过冬。到了春季、夏季，南方由于大量过冬鸟的聚集，食物相对减少，气温又升得较高，不适合一些鸟的繁殖，所以又迁飞回到了北方。

第四是遗传的原因。遗传学家认为，这些候鸟的遗传基因控制着候鸟迁飞的欲望，而且是严格按照自己的遗传基因上记载的路线飞行，所以，候鸟的迁徙是不会迷失方向的。

知识小链接

冰期简介

冰期是地球表面覆盖有大规模冰川的地质时期，又称为冰川时期。地球在40多亿年的历史中，曾出现过多次显著降温变冷，形成冰期。特别是在前寒武纪晚期、石炭纪至二叠纪和新生代的冰期都是持续时间很长的地质事件，通常称为大冰期。两次冰期之间为一相对温暖时期，称为间冰期。

鸟类怎样迁徙

引起鸟类迁徙的原因很复杂，一般都认为这是鸟类的一种本能，这种本能不仅有遗传和生理方面的因素，也是对外界生活条件长期适应的结果，与气候、食物等生活条件的变化有着密切的关系。候鸟对于气候的变化感觉很灵敏，只要气候一发生变化，它们就纷纷开始迁飞。这样，可以避免北方冬季的严寒，以及南方夏季的酷暑。气候的变化，还直接影响到鸟类的食物条件。例如，入秋以后，我国北方大多数植物纷纷落叶、枯萎，昆虫活动减少，陆续钻入地下入蛰或产卵后死亡，数量锐减。食物的匮乏使得以昆虫为食的小型鸟类不能维持生活，只有迁徙到食物丰盛的南方，才能很好地度过冬天，而以昆虫和小型食虫鸟为猎捕对象的鸟类也随之南迁。

天气的好坏、风向、风力的大小等均对鸟类的迁徙有较大的影响，较为适宜的是晴朗的天气，并有风力为3～5级的顺风。但春季迁徙的一部分鸟类，有时由于繁殖期的临近而急于赶到繁殖地，因此即使在十分不利的气候条件下，也会克服困难，继续迁飞。

更令人称奇的是，鸟群在迁徙时竟然能够飞行得十分协调，时而向左，时而旋转，时而如万马腾空跳跃，蔚为壮观。这种现象自从古罗马博物学家皮里尼首次对大雁等鸟类作过观察记录以来，已经被人们研究和探索了20个世纪，但至今仍众说纷纭，莫衷一是。

目前，这种现象趋向于三种解释。其一，“节能”说。根据“空气动力学”或“跑道”原理，鸟类在作“V”字形飞行时，把翅膀放在其他鸟类飞行时所产生的气流之上，就可以节约大约70%的能量，这对躯体比较笨重的大雁类来说是至关重要的；其二，“信息”说。在鸟类群飞时，常有一只或几只有经验的领头鸟带路，领头鸟可以为鸟群提供有关食源、水源等的可靠信息；其三，“安全”说。认为大群鸟类集合在一起的时候，要比单独一只或仅有数只鸟的情况更容易发现敌害，因为在鸟群飞行或栖息时，只要其中有一只鸟发现敌害，它就会很快将这个信息以一传十、十传百的方式传递给所有的鸟，鸟群就会立即采取应急的对策，或者迅速逃跑，或者一起鸣叫，将敌害吓退。

基本小知识

遥　感

遥感是指非接触、远距离的探测技术。一般指运用传感器或遥感器对物体的电磁波的辐射、反射特性的探测，并根据其特性对物体的性质、特征和状态进行分析的理论、方法和应用的科学技术。

许多鸟类有一种本能，即所谓“返巢本性”，这种本性反映出它们对于自己的出生地的眷恋，以及寻找旧居的能力。它能帮助鸟类在第二年繁殖季节，顺利地返回旧巢。有人曾捕获一只雕鸮，13年后，这只获得了自由的鸟儿竟回到了离故址不到2千米的地方。鸟类从千里之外定向识途的本领，一直是神奇的大自然的奥秘之一。它们靠什么来决定航向？北极星，太阳，月亮，风，气候，还是地磁？它们的方向意识又是从何而来的？这始终是自然界中一个使人百思不得其解的谜。科学家通过环志、雷达、飞行跟踪和遥感技术等方法测到，鸟类在飞行时，往往主要依靠视觉，通过天空中日月星辰的位置来确定飞行方向。此外，地形、河流、雷暴、磁场、偏振光、紫外线等，都是鸟类飞越千里不迷航的依据。最近的研究还表明，鸟嘴的皮层上有能够辨别磁场的神经细胞，被称之为松果体的神经细胞就像脊椎动物对光的感觉器官一样起着重要作用。对哺乳动物和信鸽进行的多次电生理学试验表明，部分松果体细胞能对磁场强弱的微小变化作出反应。

一般认为，在白昼迁徙的鸟类是根据太阳来定位的，夜间迁徙的鸟类是根据星空定位。另有一种观点认为，鸟类拥有适应于空中观察的敏锐视力。在开阔的环境中，人类的视野半径为 9.6 千米，而在 2000 米的高空飞行的鸟类视野为 100 千米，它们并能牢记熟悉了的广大地区的特征作为方向标志，为其从繁殖地向越冬地迁徙往返起到了关键性的作用。

鸟类的迁徙绝非轻易之举。通常在飞越了一个宽阔的海面找一座高大的山脉后，其体重会减轻一半，大批当年出生的幼鸟在迁徙途中或到达迁徙终点后都难逃夭折的命运。在迁徙的途中来不及觅食、骤起的风暴、浩瀚的水域等等，无时无刻不在吞噬着这些生灵。同时迁徙时间的早晚也蕴藏着危机，例如一些候鸟北迁时如果动身，北方的生活环境还被冰雪覆盖，过晚则会遭遇暴风雨的危险，而且还有无数人为的干扰，高大建筑物、无线电天线、灯塔与烟囱等风险，都潜伏在鸟类漫长的迁徙途中。

广角镜

迁徙给鸟类带来的好处

迁徙给鸟类带来许多好处，主要表现在：①使鸟类始终生活在最适宜的气候里，并有丰富多样的食物来源；②迁徙还能为养育后代创造最合适的条件；③在北方能最大量地孵卵，季节昼长，有丰富的昆虫，亲鸟能有机会充分收集食物；④迁徙能使活动空间大为扩展，有利于繁殖和争夺占区的行为；⑤迁徙提供了鸟类种群向新的分布区扩散以及不同个体间接触和交配的机会，因而在进化方面也具有十分重要的意义。

空中盗贼——南极贼鸥

在南极乔治岛上繁衍着是一种极其凶顽强悍的稀有鸟类——南极贼鸥。贼鸥在世界上为数极少，是鸥鸟大家族的一个分支。它只生活在南极，是受到国际生物保护组织精心保护的珍禽。

南极贼鸥，外形略大于普通海鸥，羽毛多呈黑色，喜欢在岛中的山包上建窝，并且习惯于成双结对地雌雄并栖，不像其他鸟类那样与同族群居，或与世族杂居。在南极，贼鸥有自己的王国及领地。贼鸥的家族观念似乎很强。有着极其严格的内外之分。生活中，它们一旦发现有“外族”介入，便会与其展开一场殊死血战，绝不宽容。在岛上，常会发现多种鸟类的尸骨残骸，显然，它们多是贼鸥所为。有人曾亲眼看到过几只贼鸥疯狂地撕杀一只企鹅的惨状。

尽管南极贼鸥外表衣冠楚楚、洁净美观，但它有个不大光彩的诨号叫作“空中盗贼”。它品行恶劣，惯于抢窃。它不仅趁别的鸟类忙于筑巢、下蛋之机，采取“鹊巢鸠占”的霸道行径，来一个“先入为主”，把人家刚搭好的窝据为己有，或偷来刚下完的蛋充饥。除了占家窃舍，有时，它们还拦路抢劫，从其他禽兽口中掠夺食物。即使在同类之中它们也六亲不认。这种喜争好斗的习性已经一代传一代，成了“家风”。因此，凡是贼鸥栖息之所，总是经常鸥飞蛋打、四邻不宁。

贼鸥多在海岛上空飞翔，一般不到海面上活动；有时为追捕食物，也会飞到离岸不远的上空与猎物展开周旋。毫无疑问，贼鸥的飞行能力很强，其展翼翱翔的姿势剽悍暴烈，勇猛无比。

乔治岛上的鸟类几乎无一能与之匹敌。如果你试图接近贼鸥的窝，它们便会显露出凶残狠斗的架势向你扑来，时而垂直俯冲，时而掠地滑行，势如急风骤雨，狂飙突降。此时的明智做法，是用厚厚的连衣帽紧紧裹住自己的脑袋，迅速退缩，避开贼鸥的攻击。当然，贼鸥一般不会主动袭击人类，只要你不做出侵犯它们的举动，哪怕你只隔它两三米远，它们也会视若不见，毫不介意。

贼鸥的食性较广，似乎肉类和植物类均可为食，有时，它们十分饥饿的时候也会偷袭考察队营地的食品贮藏处。一早醒来，人们会发现猪肉不翼而飞，鸡蛋壳撒了一地，而地面上尽是贼鸥的爪痕。

目前，南极乔治岛上的贼鸥绝大多数已被各国科学考察人员注了册。人们在小贼鸥刚孵出的时候，给它们套上脚圈，作为标志，以便观察它们的生活习性和活动规律。国际有关组织也采取了各种严格的保护措施。在乔治岛，贼鸥是严禁猎杀的，违者将会受到严厉的惩罚。

爬行动物的奥秘

爬行动物又称爬虫动物，是一类属于四足总纲的羊膜动物。爬行动物是第一批真正摆脱对水的依赖而真正征服陆地的变温脊椎动物，可以适应各种不同的陆地生活环境。爬行动物也是统治陆地时间最长的动物，其主宰地球的中生代也是整个地球生物史上最引人注目的时代，那个时代，爬行动物不仅是陆地上的绝对统治者，还统治着海洋和天空，地球上没有任何一类其他生物有过如此辉煌的历史。

现在虽然已经不再是爬行动物的时代，大多数爬行动物的类群已经灭绝，只有少数幸存下来，但是就种类来说，爬行动物仍然是非常繁盛的一群。

背着房子的蜗牛

蜗牛是一种生活在陆地上的软体动物，属腹足纲，生活范围极广，耐严寒高温。蜗牛，顾名思义，是背着蜗壳的“牛”，事实上，它身体虽小，但有“角”，力大，肉味美，的确也如“牛”一般。法国是世界上饲养和食用蜗牛最早的地方，单是有记载的历史，可追溯到古罗马时期。当今世界各地都食用蜗牛，尤以西欧、北美为最。蜗牛种类约有4万多种，个体有大有小，最大的是非洲蜗牛，个体可达20厘米，重500克。

蜗 牛

你知道吗

你知道什么动物牙齿最多吗

蜗牛是世界上牙齿最多的动物。虽然它的嘴大小和针尖差不多，但是却有25600颗牙齿左右。在蜗牛的小触角中间往下一点儿的地方有一个小洞，这就是它的嘴巴，里面有一条锯齿状的舌头，科学家们称之为“齿舌”。

蜗牛生命力极强，曾有一英国人从埃及带回两只蜗牛，将其粘在固定板上，放进标本室收藏。4年后，拿出来研究时，发现其中一只壳处有新近形成的黏液膜。研究人员非常奇怪，便把它从板上取下，放进温水盆里。不一会儿，它的驱体便从壳中钻出来，第二天开始进食菜叶，一个月后即完全恢复健康。这只蜗牛，在长达4年中，既无食料，又无饮水，居然能活下来，可见其生命力之顽强。

蜗牛和田螺十分相似。蜗牛在螺旋形的壳里藏着身子，爬行时才把身体露出来。蜗牛长大时，它的外壳也跟着一起成长。在这个外壳里有黏稠的液体，它可以保护蜗牛不受到损伤或者不使它干燥。这好比人穿衣服，如果没有这个壳蜗牛会干死的。蜗牛头上长着牛角一样的双角。它的末端上有判别明暗的眼睛。当蜗牛前进时，从外壳上伸出脚，这时会流出黏液，所以蜗牛走过的地方就留下痕迹。

蝾　螈

对于两栖类（陆栖型与水栖型）的动物来说，大家比较熟知的是青蛙或蟾蜍般的无尾类，事实上蝾螈亦是两栖类中的种类，只不过相对于成体没有尾巴的蛙类与蟾蜍来说，带有尾巴的蝾螈很自然地就被归类于两栖类中的有尾类动物。

蝾　螈

仔细地观察，会发现其实蝾螈与青蛙的差距并不大，它们同样属于两栖类动物，都有保水力差的皮肤，幼时在水中同样是以鳃呼吸，不过状似蝌蚪的蝾螈幼时却多了数对明显的外鳃，而当蛙类因足的发育而相对尾部消退时，蝾螈的足部则持续地发育，但是尾部却丝毫没有影响，所以蝾螈的一生仍保有延长的尾部。

蝾螈身体丰满，体形像爬行类的蜥蜴，尾巴长而且侧扁。眼睑能动，有牙齿。

身体上有花纹和鸡冠样的突起。蝾螈无蹼，成体没有鳃，体内受精，它分布于我国东南部、欧洲及北美洲部分地区。

因为蝾螈的体表具半透性，易导致水分的散失，所以多数的蝾螈都栖息于潮湿的环境中，陆栖能力好一点的种类可以离水较远，但生活的环境仍以潮湿的苔藓环境为主。蝾螈具有相当强的生命力，尤其是自愈能力相当突出，所以有时发现个体因为机械性的外伤而断肢时，不出多久便会由伤口长出一肉芽，并逐渐发展修复成原先的状态。

蝾螈雄雌间的交配行为亦相当特殊，雄性个体会将其精液包在一个如胶囊般的精荚中，当排出体外时便会在短短的时间内由雌体吸入体中，以完成交配行为；生出的卵粒如青蛙卵，在外围有如胶状物质缠裹保护，以使幼体能安然地度过发育前期。而陆栖型与水栖型的交替则发生于部分的种类，因为栖息环境的改变而造成其外形与色彩上的改变，例如“六角恐龙（钝口螈）”的陆栖型与水栖型便是最常见到的例子。

拓展阅读

奇怪的无肺蝾螈

大多数蝾螈都通过皮肤和肺呼吸，但也有大约250种根本没有肺。无肺蝾螈只有通过皮肤和口腔呼吸，一些蝾螈居住在湍急的溪流里，那里水中含有氧气。陆居种类必须一直保持皮肤湿润，这样氧气才能通过皮肤上面的一层水进入血液。

螃蟹为什么横着走

关于螃蟹横着走的原因，一直存在着多种说法，但最有代表性的应该是“磁场说”，原来螃蟹是依靠地磁场来判断方向的。在地球形成以后的漫长岁月中，地磁南北极已发生多次倒转。地磁极的倒转使许多生物无所适从，甚至造成灭绝。

螃蟹是一种古老的洄游性动物，它的内耳有定向小磁体，对地磁非常敏感。由于地磁场的倒转，使螃蟹体内的小磁体失去了原来的定向作用。为了使自己在地磁场倒转中生存下来，螃蟹采取“以不变应万变”的做法，干脆不前进，也不后退，而是横着走。

从生物学的角度看，蟹的胸部左右比前后宽，8 只步足伸展在身体两侧，它的前足关节只能向下弯曲，这些结构特征也使螃蟹只能横着走。

基本小知识

洄　游

洄游是某些水生动物运动的一种特殊形式，是主动、定期、定向、集群、具有种的特点的水平移动。洄游也是一种周期性运动，随着生命周期各个环节的推移，每年重复进行。洄游是长期以来洄游生物对外界环境条件变化的适应结果，也是其内部生理变化发展到一定程度，对外界刺激的一种必然反应。

螃蟹的特异功能

提到螃蟹，大家并不陌生，但它们的许多特异功能还鲜为人知，它身体许多部位都可以再生，比如说腿和蟹钳等。

螃蟹的眼睛就有再生功能。螃蟹的眼球如果在战斗中受了伤，过几天，它还会长一个新的出来。但如果眼柄也被一起切断，就不会长出新的了，但在切断处还会长出触角，以弥补没有眼睛的不足。

螃蟹的肢体再生功能也不错。每当它在战斗中有一个肢体受伤时，它就会收缩体内的一个特殊肌肉，把这个肢体断掉，而且是有意识的，可以做到“滴血不流”。原来在螃蟹肢体内有一种特殊的膜，可以对血管和神经起到完全封闭作用，而且在断掉以后，螃蟹体内会立即产生蛋白质，开始生出新肢体，但是生出来的新肢体，与其他肢体可能不对称，所以我们有时会见到蟹钳一只大一只小的蟹。

基本小知识

蛋白质

蛋白质是由α-氨基酸按一定顺序结合形成一条多肽链，再由一条或一条以上的多肽链按照其特定方式结合而成的高分子化合物。蛋白质是生命的物质基础，没有蛋白质就没有生命。因此，它是与生命及与各种形式的生命活动紧密联系在一起的物质。机体中的每一个细胞和所有重要组成部分都有蛋白质参与。

扬子鳄捕食的奥秘

有人把扬子鳄称为鳄鱼，把它看作是鱼一类的水生动物。其实扬子鳄没有鳃，也不是水生动物，只不过扬子鳄形成了一些适应水中生活的特点，具有水陆两栖的本领而已。这样，扬子鳄就扩大了生活的领域，使它们容易在生存斗争中成为优胜者。

扬子鳄

扬子鳄在陆地上遇到敌害或猎捕食物时，能纵跳抓捕，抓捕不到时，它那巨大的尾巴还可以猛烈横扫。扬子鳄虽长有看似尖锐锋利的牙齿，但却是槽生齿，这种牙齿不能撕咬和咀嚼食物，只能像钳子一样把食物“夹住”然后囫囵吞下去。所以当扬子鳄捕到较大的陆生动物时，不能把它们咬死，而是把它们拖入水中淹死；相反，当扬子鳄捕到较大水生动物时，又把它们抛上陆地，使猎物因缺氧而死。在遇到大块食物不能吞咽的时候，扬子鳄往往用大嘴"夹"着食物在石头或树干上猛烈摔打，直到把它摔软或摔碎后再张口吞下；如还不行，它干脆把猎物丢在一旁，任其自然腐烂，等烂到可以吞食了，再吞下去。扬子鳄还有一个特殊的胃。这个胃不仅胃酸多而且酸度高，因此它的消化功能特别好。

趣味点击 "狡兔三窟"的扬子鳄

俗话说，"狡兔三窟"，而扬子鳄的洞穴有时超过三窟。它的洞穴常有几个洞口，有的在岸边滩地芦苇、竹林丛生之处，有的在池沼底部，地面上有出入口、通气口，而且还有适应各种水位高度的侧洞口。洞穴内曲径通幽，纵横交错，好似一座地下迷宫。也许正是这种地下迷宫帮助它们度过了严寒的大冰期和寒冷的冬天，同时也帮助它们逃避了敌害而幸存下来。

蛇的舌头

蛇在爬行时，为什么总是喜欢伸舌头呢？原来，蛇是"近视眼"，视力非常差。但它的舌头特别灵敏，能"闻"气味。蛇一边爬行，一边吐舌头，实际上是在边走边搜寻猎物。如果发现鸟、青蛙、老鼠、野兔等一些小动物，它会立即扑过去，把口张得很大很大，把它们囫囵吞下去。

蛇

而关于蛇的舌尖分叉的问题，

是一个争论了2000多年的问题。公元前4世纪，古希腊哲学家亚里士多德认为，蛇具有双尖的舌头，是为了在进餐时可以两次品尝同一食物的美味。另一些说法更有趣：因为蛇总贴着积满灰尘的地面活动，所以它需要带有双叉的舌头，以便于同时清理进入两个鼻孔里面的污物。还有人认为，蛇那条分叉的舌头能够像钳子一样钳住飞虫以饱口福。

而生物学家给出了这样的解释：正如人有左右耳确定声源一样，蛇利用舌尖分叉，来判断气味来源的方向。实验也证实了这个推断，如果剪去被试蛇的舌尖分叉，它就会失去跟踪气味痕迹的能力；如果堵住蛇口中通往探测器官的孔道，这条丧失辨别能力的可怜的蛇便只能在原地转圈。

为什么双头蛇会有两个头

双头蛇属于变异种，它之所以会出现两个头，主要是因为蛇的基因受到了污染，或在染色体复制、配对过程中产生了错误。双头蛇并不罕见，原因在于蛇的基因（控制头的那段）不稳定，容易发生变异。

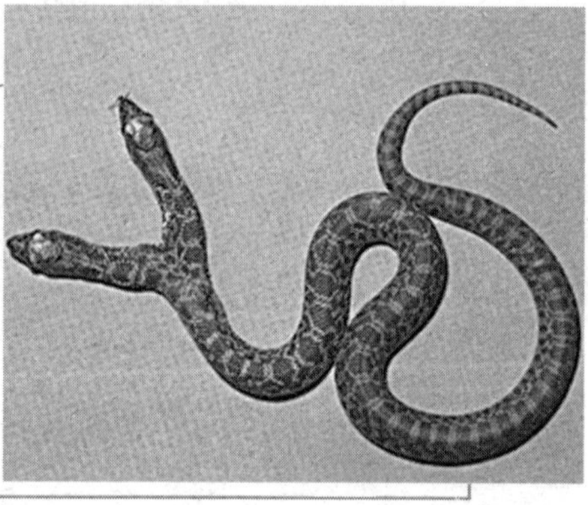

双头蛇

广角镜

希腊神话中的双头蛇

双头蛇是古希腊神话中天后赫拉战无不胜的保护神，是女性的保护神，她帮助赫拉使用魔法惩罚了不少情敌。

中国古书典政记载，双头蛇为蛇的一种。无毒，尾圆钝。双头蛇因为身体结构不同于正常同类，多数只能存活1—2周。目前知道存活时间最长的双头蛇是

8 年。如果在一条正常的蛇身上，移植另一个头上去，原先的头会透过体内调节把新的头逐渐变成不是头的样子。如果双头蛇的两个头想向两个相反的方向行走的话，在两个头分岔之处（这里的蛇皮很脆弱的）有可能会裂开，导致双头蛇死亡。

林蛙认家之谜

林蛙，是捕食害虫的能手，人类的好朋友。它平时生活在森林里，秋末初冬之季进入江河冬眠，来年春暖花开之际复苏，从河水中出来，再回到以前的地方生活。

雌蛙在春季产卵，在雄蛙的帮助之下，将卵产到林间河流、小溪、水泡子之中，便完成了一年的生育任务，以后卵变蝌蚪，蝌蚪变蛙的全过程，主要靠小林蛙自身来完成了。

林蛙有超人的“认家”本领，林蛙的妈妈把卵产在小溪里，卵变蝌蚪、长成蛙以后，它就以为这条小溪是自己的家了。小蝌蚪长大后，会离开水面到森林中生活，等到秋末初冬需要进水冬眠时，它又不远千里，辗转回到出生时的小溪中，从不会迷路或找不到家。就是离开小溪几千米，地形十分复杂，离开几个月时间，也不会影响林蛙归家。这种功能是人所不能及的，如果人在森林中寻找一个分别几个月的地方，也很不易，除非做好路标。

知识小链接

东北林蛙简介

东北林蛙，主要生活在中国东北山区，包括长白山脉、小兴安岭大部、张广才岭腹地，亦被称为哈什蚂（哈士蟆），被列为易危物种。东北林蛙以其特有的药用价值与营养价值日益被人们所重视，成为蛙类中经济价值最高的一种。

林蛙是不是也会做路标？还是出自本能？直到现在，林蛙认家还是一个未解之谜。

林蛙的数量越来越少，林蛙的身材越来越小。要想使我们的家园免受环境破坏的威胁，就应知道保护林蛙，就是保护我们自己，并从自我做起。

具有回天术的碎蛇

碎蛇，长约 40 厘米，秤杆粗细，鳞片褐色，上有芝麻般大小的白点，肛门后有两道凹形线槽。它外貌似鳝鱼，被某些地方的老百姓称作“干黄鳝”或“秤杆蛇”，而它的常用名则叫“碎蛇”，此名是由它的身体容易碎断而得来。

碎　蛇

在野生动物的大家庭里，恐怕唯有“碎蛇”的自救本领最高。因碎蛇身体特别脆，它要是从并不很高的坎上或树上摔下，便会裂断成数节，并且像瓦屋上的冰条落地那样崩飞较远。谁会相信，它们全身“分家”之后还有生命，还能“破镜重圆”呢？然而，它们却实实在在地有“回天”之神术，可奇迹般的将断裂的身体在 10 分钟以内连结起来，照样行走与生存下去。

“碎蛇”是一味极为贵重的良药，地方药材部门和药材经营者，常标以很高的价格争相收购。它是驱风湿、强筋骨、治疗跌打损伤的特效药，既可直接入口，也可炮制成药酒之后饮用，还可制成粉剂外用。“碎蛇”虽然未被收录在《药典》之中，但它早已作为一味名贵药被医务人员和山民们广泛使用。遗憾的是，对于它们为什么能够自连断身，目前，还没有科学的解释。

海龟自埋之谜

在美国佛罗里达州东海岸的卡纳维拉尔海滩，人们发现了整个身体都埋在淤泥里的海龟。挖出来一看，海龟竟是活的！奇闻传开，令许多潜水员大惑不解，因为在他们的潜水生涯中，还从来没有见到过这种海龟自己把自己埋起来的怪事。

海龟是海洋中躯体较大的爬行动物，它们用肺呼吸，因此每下潜十几分钟就要浮到水面上换一次气，不然就会被憋死。究竟是什么原因导致海龟自己把自己活埋起来呢？它们全身埋在淤泥里为什么不会憋死？这是它们冬眠的一种形式，还是它们清除身上附着藤壶的一种方法？或者是它们在冰凉的海水中自我取暖的一个窍门？面对这一个个谜，人们苦思冥想，不得其解。

海　龟

藤壶是一种小型甲壳动物，体外有 6 片壳板，壳口有 4 片小壳板组成的盖，固着生活于海滨岩石、船底、软体动物以及其他大型甲壳动物身上。专家们观察发现，在一些大个儿的海龟身上也常常寄生着许多藤壶，这既影响它们游泳，又会使它们感到难受。因此，有人猜测，可能是为了要摆脱藤壶，海龟才钻进淤泥。但是，埋在淤泥中的海龟是头朝下，尾巴朝上，它们头部和前半身的藤壶因陷进淤泥较深而缺氧死掉，可后半身和尾部埋得很浅的藤壶却依然活着。这不是解决问题的办法。因此，关于藤壶的猜测就难以成立了。

后来，人们在美国东海岸帕耳姆东南的一个港湾里，发现许多大个儿的海龟也有这种在海底淤泥中“自埋”的习性。当时一个潜水俱乐部的潜水员们正在进行训练。当女潜水员罗丝潜入海底时，发现不远处的淤泥中露出一只海龟的尾部。她游了过去，碰了一下那海龟的尾，于是，那被惊动的海龟慢悠悠地醒来，从泥土中抬起头，抖掉身上的淤泥，仿佛对不速之客很不满意似的，转身游走了。接着，罗丝又看到了一只海龟的尾巴，这是一只特大的雌海龟，它没有沉睡，对罗丝的到来反应迅速，马上搅起淤泥游动起来。

罗丝眼前变得一片浑浊，什么也看不清了。这是在27.4米深的海底，水温是21.7℃。不一会儿，罗丝的伙伴们也发现了两只埋在淤泥中的大个儿雌海龟。但从那次潜水以后，罗丝她们在海底只找到了一些海龟待过的泥窝，再没有看到一只“自埋”的海龟。这说明，海龟的“自埋”仅仅是一个短时期的现象。要不就是它们将自己埋得太深，使人无法发现。最新的观察表明，海龟在这一地区逗留、“自埋”的时间不长，所以不能认为它们是在冬眠。

你知道吗

海龟的天敌都有哪些

成年海龟的四鳍及头极易受到凶猛鱼类（如鲨鱼）的攻击，母龟在产卵后也可能成为鳄鱼，豹子，蚂蚁等陆生食肉动物的食物。小海龟出生时，鸟类也会以他们为食。到了水中，小海龟也会成为一些海生动物的食物，如章鱼，鲨鱼，等食肉鱼动物。

如果海龟“自埋”的现象经常发生的话，那么由这一现象派生出来的新课题可就更多了，海龟“自埋”之谜还有待科学家们去揭开。

绿海龟“旅行结婚”

绿海龟

绿海龟因其身上的脂肪为绿色而得名。绿海龟是用肺进行呼吸的，但胸部不能活动，是一种吞气式的呼吸方式，每隔一段时间便要将头伸出海面来呼吸。但也可以比较长时间地在水下生活，因为它还有一种具特异呼吸功能的肛囊，即直肠两侧的一对薄囊，在肛囊袋的壁上密布着许多微血管。

绿海龟还要进行规模浩大的“远航”，它们万里跋涉的艰辛与毅力令人惊讶折服。生活在南美洲西沿海的绿海龟，成群结队穿越万顷波涛的大西洋，历经2个月，游过2000多千米，来到优美、静谧的阿森松小岛上。原来，它们是来此“旅行结婚”的。在这孤零零的小岛上，它们各自寻找对象进行交配、产卵，繁衍下一代。接着，它们又成群结队地返回原海域。

令人惊奇的是，绿海龟经过长途跋涉后，还能准确无误地返回出发地，这其中有什么奥妙吗？科学家们对此作出阐释。原来，海龟除借助海流与海水化学成分导航外，还有凭借地球重力场导航的本领。它的洄游的特定活动时间是由体内的生物钟确定与控制的。

基本小知识

生 物 钟

生物钟又称生理钟。它是生物体内的一种无形的时钟，实际上是生物体生命活动的内在节律性，它是由生物体内的时间结构序所决定。研究生物钟，在医学上有着重要的意义，并对生物学的基础理论研究起着促进作用。

龟的长寿之谜

人们都管龟叫动物世界里的"老寿星"。那么，龟的寿命到底有多长呢？根据报道，一位西班牙海员曾经捕到一只海龟，长达 2 米，重 300 千克，有专家说它已经活了 250 年了。另外一位韩国渔民在沿海抓到过一只海龟，长 1.5 米，重 90 千克。背甲上附着很多牡蛎和苔藓，估计寿命为 700 岁。它可以说是龟类家族的"老寿星"了。但这些数据并没有可靠的依据为证。

万年龟

1971 年，人们在长江里捕获过一只大头龟，它的背甲上刻有"道光二十年"（即 1840 年）字样，这分明是记事用的。这一年，中国发生了鸦片战争。也就是说，从刻字的那年算起，到捕获的时候为止，这只龟至少已经活了 132 年了。它的标本至今还保存在上海自然博物馆里。另外，还有一只龟，据说经过七代人的饲养，一直到抗日战争的时候才中断，它的饲养时间足足有 300 年左右啦。

广角镜

最大型的陆龟：象龟

象龟，在生物分类学上是爬虫纲象龟属的俗称，以腿粗像象脚而得名。分布于非洲、美洲、亚洲及若干位于大洋洲的岛屿上。它们主要吃植物，特别是深绿色的植物。以它们的外骨骼（龟壳）量度身长，象龟属的品种是世界上最大型的陆龟，特别是加拉帕戈斯象龟，其身长可达 1.8 米。

1737 年，有人在印度的查戈斯群岛捕到过一只象龟，当时科学家鉴定它的年龄是 100 岁左右。后来，它被送到了英国，在一个动物爱好者的家里生活了很长时间，最后被送到伦敦动物园。到 20 世纪 20 年代，它就活了将近 300 年了。

龟虽然是动物世界中的“长寿冠军”，但在龟类王国里，不同种类的龟，它们的寿命也是有长有短的。有的龟能活 100 岁以上，有的龟只能活 15 年左右。即使是一些长寿的龟种，事实上也不可能个个都“长命百岁”——因为从它们诞生的那天起，疾病和敌害就时刻威胁着它。另外，海洋环境污染和人类的过量捕杀，也在危害它们的生命。

人们虽然知道龟是长寿动物，但对龟的长寿原因却说法不一。有的科学家认为，龟的寿命与龟的个子大小有关。个头儿大的龟寿命就长，个头小的龟寿命就短。有记录可查的长寿龟，像海龟和象龟都是龟类家族的大个子。有些动物学家也不同意这种观点。

动物学家和养龟专家认为，吃素的龟要比吃肉或杂食的龟寿命长。比如，生活在太平洋和印度洋热带岛屿上的象龟，是世界上最大的陆生龟，它们以青草、野果和仙人掌为食，所以寿命特别长，可以活到 300 岁，是大家公认的长寿龟。但另一些龟类研究人员却认为不一定。比如以蛇、鱼、蠕虫为食的大头龟和一些杂食性的龟，寿命也有超过 100 岁的。

你知道吗

什么是新陈代谢

新陈代谢是生物体内全部有序化学变化的总称，其中的化学变化一般都是在酶的催化作用下进行的。它包括物质代谢和能量代谢两个方面。物质代谢是指生物体与外界环境之间物质的交换和生物体内物质的转变过程。能量代谢是指生物体与外界环境之间能量的交换和生物体内能量的转变过程。

最近，一些科学家还从细胞学、解剖学、生理学等方面去研究龟的长寿秘密。有的生物学家选了一组寿命较长的龟和另一组寿命不太长的普通龟，作为对比实验材料。研究结果表明，一组寿命较长的龟细胞繁殖代数普遍较多。这就说明，龟的细胞繁殖代数多少，跟龟的命长短有密切关系。有的动物解剖学家和医学家还检查了龟的心脏，他们把龟的心脏取出来之后，竟然还能跳动整整 2 天。这说明龟的心脏机能较强，跟龟的寿命长也有直接关系。

还有的科学家认为，龟的长寿，跟它的行动迟缓、新陈代谢较低和具有耐旱耐饥的生理机能有密切关系。总之，科学家们力图从不同的角度探索和研究龟长寿的原因，但得出的结论却各有不同，至于究竟是什么原因，还有待进一步考证。

变色龙

变色龙的皮肤会随着背景、温度、心情的变化而发生改变。雄性变色龙会将暗黑的保护色变成明亮的颜色，以警告其他变色龙离开自己的领地；有些变色龙还会将平静时的绿色变成红色来威胁敌人。目的是为了保护自己，避免遭受袭击。

变色龙，又名“避役”，种类约有 160 种，主要分布在非洲大陆和马达加斯加岛，少数分布在亚洲和欧洲南部，其中马达加斯加岛是它们的天堂，种类占总种类的 1/2 左右，大约有 59 个种类是马达加斯加所独有的。目前人们还在不断发现新的种类，或是根据基因分析，将被错分为亚种的变色龙定义为独立的分类。

变色龙

变色龙利用自己的变色能力躲避天敌，传情达意，功能类似于人类的语言。变色龙是一种“善变”的树栖爬行类动物，在自然界中它当之无愧是

“伪装高手”，为了逃避天敌的侵犯和接近自己的猎物，这种爬行动物常在不经意间改变身体颜色，然后一动不动地将自己融入周围的环境之中。

美国《国家地理》杂志撰文指出，依据动物专家的发现，变色龙变换体色不仅仅是为了伪装，体色变换的另一个重要作用是能够实现变色龙之间的信息传递，便于同伴间的沟通，这相当于人类的语言一样，可以表达出变色龙的意图。

美国纽约国家自然历史博物馆爬虫动物学副馆长克里斯多佛·拉克斯沃斯作为全球资深变色龙研究专家，通过对变色龙生活习性的深入研究，拉克斯沃斯指出，变色龙变换体色的另一个功能是进行通信，传达信息，这一点在以前的研究中是未曾发现的。

拉克斯沃斯发现变色龙之间的信息传递和表达是通过变换体色来完成的，它们经常在捍卫自己领地和拒绝求偶者时，表现出不同的体色。他说：“为了显示自己对领地的统治权，雄性变色龙对向侵犯领地的同类示威，体色也相应地呈现出明亮色；当遇到自己不中意的求偶者时，雌性变色龙会表示拒绝，随之体色会变得暗淡，且显现出闪动的红色斑点。此外，当变色龙意欲挑起争端、发动攻击时，体色会变得很暗。”

与其他爬行类动物不同的是，变色龙能够变换体色完全取决于皮肤表层内的三层色素细胞，在这些色素细胞中充满着不同颜色的色素。纽约康奈尔大学生物系的安德森对变色龙的“变色原理”进行了详细解释，变色龙皮肤的三层色素细胞，最深的一层是由载黑素细胞构成，其中细胞带有的黑色素可与上一层细胞相互交融；中间层是由鸟嘌呤细胞构成，它主要调控暗蓝色素；最外层细胞则主要是黄色素和红色素。安德森说：“基于神经学调控机制，色素细胞在神经的刺激下会使色素在各层之间交融变换，实现变色龙身体颜色的多种变化。”

变色龙的主要食物是昆虫，多数变色龙会对单一食物产生厌倦，有时还可能会拒绝进食导致死亡。

基本小知识

色素细胞

色素细胞有时称为色素体，是两栖动物、鱼类、爬行动物、甲壳动物、头足纲动物中的一种含有生物色素的细胞。对冷血动物来说，色素细胞是由胚胎中的神经嵴发展而来，对于产生皮肤色彩和眼睛色彩扮演重要角色。色素细胞依据白光下所呈现的颜色，可以分为黄色素细胞、红色素细胞、彩虹色素细胞、白色素细胞、黑色素细胞与蓝色素细胞。

蜥蜴尾巴的再生术

如果一只蜥蜴被咬去了一截尾巴，这对蜥蜴来说，简直小事一桩。因为过不了多久，蜥蜴就会有一条新的尾巴从断尾处长出来。但这条新尾巴还是会比原尾巴稍小一些，且花纹也会有点不同。

只要我们留意身边的动物世界，就不难发现有许多动物具有不同程度的再生本领，蜥蜴便是这类动物中的一员。为什么这些动物会有如此不寻常的本领呢？原来，这都是细胞耍的小把戏。人类同其他生物一样，都是由细胞组成的。细胞有许多不同的种类，其结构也各不相同，它们在动物体内也各有不同的功能，分管不同的工作。动物体内的不同器官就是分别由不同种类的细胞组成的。

蜥　蜴

但是，动物体内的细胞不会是只能干某一工作的“专门人才”；还有一类细胞是“多面手”，能根据身体的需要而变成某种“专业性”的工作。例如，上面提到的断了尾巴的蜥蜴，当其尾巴掉了之后，“多面手”细胞就会纷纷来到受伤部位，形成一种胚轴原的物质，胚轴原的细胞发生变化，有的变成骨细胞，有的变成肌肉细胞，有的变成皮细胞。大家齐心协力地工作，最后造出了一条全新的尾巴来。

那又是谁在指挥制造新尾巴的工作呢？指挥者是暗藏于细胞之中的基因（生物体的遗传物质）。但基因的指挥者并非永远是万无一失的，它有时会发生突变，因而发出错误的指令，结果细胞们就多造了一条尾巴出来。这一错误对蜥蜴来讲可能是致命的。身后拖着一条分叉的尾巴，行动起来肯定是很不方便的，要是尾巴被卡在什么地方动弹不得，天敌就会很容易把它捉住，那时可怜的蜥蜴可就真的一命呜呼了！

知识小链接

细胞简介

细胞是构成生物体的基本单位。体形极微，在显微镜下才能看见。形状多种多样。主要由细胞核与细胞质构成，表面有薄膜。动植物细胞结构大致相同。植物细胞质膜外有细胞壁，细胞壁中常有质体，体内有叶绿体和液泡，还有线粒体。动物细胞质中常有中心体，而高等植物细胞中则无。细胞有运动、营养和繁殖等机能。除病毒外的所有生物都由细胞构成。

壁虎的第五条腿

壁虎，也叫蝎虎，旧称守宫，古代“五毒”之一。对壁虎来说，它的尾巴有着极其特别的妙用，这可能关系到它的生与死。它的尾巴首先是用来防止跌落。据刊登在《美国国家科学院院刊》上的一篇论文，加利福尼亚州大学伯克利分校的生物学家发现，壁虎依靠它们的尾巴防止从垂直的表面跌落，

壁 虎

而且如果真的摔了下来，它们也会依靠尾巴在空中调整自己，就像跳伞运动员一样安全着地。这一发现已经帮助工程师们设计出性能更优秀的攀登机器人，并可能在无人滑翔机或航天器的设计中发挥作用。研究人员表示，或许，设计一种灵活的尾巴可以帮助宇航员在太空工作起来更得心应手。

生物学教授罗伯特·弗尔介绍，早先在壁虎身上所做的实验集中在它们独特的脚趾上，脚趾是揭秘它们爬上墙并紧贴天花板的关键所在。6 年前，弗尔发现，虽然脚爪帮助壁虎爬上粗糙的表面，但用显微镜可见的数百万脚趾茸毛让它们爬上光滑的表面变成可能。

工程师受弗尔发现的启发，开始研制像壁虎一样的机器人。这时他们才发现，尾巴可能是防止机器人在它们爬上垂直表面时倾斜和滑落的“秘密武器”。

其次，壁虎的尾巴还是它的第五条腿。壁虎的尾巴对应付光滑表面至关重要。弗尔说：“当我们把所有的壁虎赶上标准的表面时，它们没有滑落，而且没有用它们的尾巴。但当我们换成光滑的表面时，我们发现它们有一个活跃的尾巴就像第五条腿一样防止它们向后翻倒。对尾巴来说这是一个隐藏的功能，它告诉我们很多有关‘活跃的’尾巴如何能影响脊椎动物的表现。”

你知道吗

什么是滑翔机

滑翔机是一种没有动力装置，重于空气的固定翼航空器。它可以由飞机拖曳起飞，也可用绞盘车或汽车牵引起飞，更初级的还可从高处的斜坡上下滑到空中。在无风情况下，滑翔机在下滑飞行中依靠自身重力的分量获得前进动力，这种损失高度的无动力下滑飞行称滑翔。在上升气流中，滑翔机可像老鹰展翅那样平飞或升高，通常称为翱翔。

在高速视频的帮助下，研究人员发现，当壁虎的一条腿丧失牵引力时，它会把尾巴贴到表面以防止向后滑倒直到脚趾再次获得抓握力。这一切仅需几毫秒，因为壁虎能以每秒约 1 米的速度爬上一面墙，每秒前进换脚 30 次。

壁虎还利用它们的尾巴做到“四点着地”。在利用尾巴在空中自我调整后它们几乎总是四点着地。用高速视频记录壁虎从一片假树叶上翻倒的经过，他们发现这些壁虎转动尾巴以便它们的身体翻转朝下，然后伸出腿和脚着地。由于壁虎典型的能储存脂肪的大尾巴，这种空中调整是有可能的。

此外，在面朝下之后，这些壁虎常常用它们的尾巴在空中调整自己，就像一个跳伞运动员朝目标着陆区滑行一样。在风洞试验中，壁虎居然能在气流中盘旋并利用它们的尾巴移动到固体着陆点。

壁虎的尾巴还有再生的功能，当它被捉的时候为了逃生，就会断掉尾巴，这只是一种本能。

基本小知识

风 洞

风洞，是能人工产生和控制气流，以模拟飞行器或物体周围气体的流动，并可量度气流对物体的作用以及观察物理现象的一种管道状实验设备，它是进行空气动力实验最常用、最有效的工具。